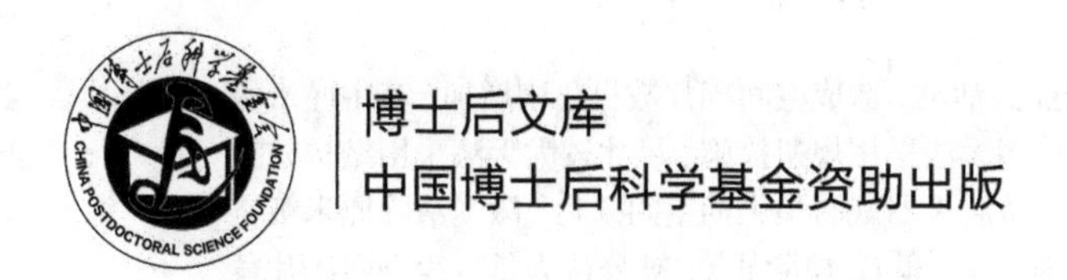

脉冲激光烧蚀冲量耦合特性及空间碎片清除应用

常 浩 著

科学出版社
北 京

内 容 简 介

日益频繁的人类航天活动，造成空间碎片数目急剧增加，其中厘米级空间碎片，由于数目较多无法采用规避措施、尺寸较大无法采用结构防护措施，其被认为是对在轨航天器威胁最大的空间碎片。激光清除厘米级空间碎片具有无污染、高效率、低成本等优点，被公认为是减缓空间碎片危害的一种有效途径。激光清除空间碎片基本原理是：激光与碎片物质相互作用，将激光能量转化为机械能，产生反喷冲量而获得速度增量，在速度增量作用下碎片减速降轨，进入大气层烧毁。本书从激光清除空间碎片这一应用背景出发，详细讨论纳秒脉冲激光烧蚀冲量耦合规律；在基于激光烧蚀冲量耦合的空间碎片清除应用方面，对激光辐照典型形状空间碎片冲量矢量特性问题进行分析研究，系统地介绍地基激光清除空间碎片过程的仿真建模问题，为激光清除空间碎片这一技术的发展提供实验参考与理论依据。

本书内容安排合理，实验和理论并重，实用性强，可供从事空间碎片环境研究、航空宇航科学与技术专业的科研人员、工程设计人员、高校师生参考，也可供航天爱好者阅读使用。

图书在版编目（CIP）数据

脉冲激光烧蚀冲量耦合特性及空间碎片清除应用/常浩著. —北京：科学出版社，2020.6

(博士后文库)

ISBN 978-7-03-065361-1

Ⅰ. ①脉… Ⅱ. ①常… Ⅲ. ①激光技术-应用-太空垃圾-垃圾处理-研究 Ⅳ. ①X738

中国版本图书馆 CIP 数据核字(2020)第 093216 号

责任编辑：张艳芬 李 娜 / 责任校对：王 瑞
责任印制：吴兆东 / 封面设计：蓝 正

科学出版社 出版
北京东黄城根北街 16 号
邮政编码：100717
http://www.sciencep.com

北京九州迅驰传媒文化有限公司 印刷

科学出版社发行 各地新华书店经销

*

2020 年 6 月第 一 版 开本：720×1000 1/16
2020 年 6 月第一次印刷 印张：8 3/4
字数：159 000

定价：99.00 元

（如有印装质量问题，我社负责调换）

《博士后文库》序言

1985 年，在李政道先生的倡议和邓小平同志的亲自关怀下，我国建立了博士后制度，同时设立了博士后科学基金。30 多年来，在党和国家的高度重视下，在社会各方面的关心和支持下，博士后制度为我国培养了一大批青年高层次创新人才。在这一过程中，博士后科学基金发挥了不可替代的独特作用。

博士后科学基金是中国特色博士后制度的重要组成部分，专门用于资助博士后研究人员开展创新探索。博士后科学基金的资助，对正处于独立科研生涯起步阶段的博士后研究人员来说，适逢其时，有利于培养他们独立的科研人格、在选题方面的竞争意识以及负责的精神，是他们独立从事科研工作的“第一桶金”。尽管博士后科学基金资助金额不大，但对博士后青年创新人才的培养和激励作用不可估量。四两拨千斤，博士后科学基金有效地推动了博士后研究人员迅速成长为高水平的研究人才，“小基金发挥了大作用”。

在博士后科学基金的资助下，博士后研究人员的优秀学术成果不断涌现。2013 年，为提高博士后科学基金的资助效益，中国博士后科学基金会联合科学出版社开展了博士后优秀学术专著出版资助工作，通过专家评审遴选出优秀的博士后学术著作，收入《博士后文库》，由博士后科学基金资助、科学出版社出版。我们希望，借此打造专属于博士后学术创新的旗舰图书品牌，激励博士后研究人员潜心科研，扎实治学，提升博士后优秀学术成果的社会影响力。

2015 年，国务院办公厅印发了《关于改革完善博士后制度的意见》(国办发〔2015〕87 号)，将“实施自然科学、人文社会科学优秀博士后论著出版支持计划”作为“十三五”期间博士后工作的重要内容和提升博士后研究人员培养质量的重要手段，这更加凸显了出版资助工作的意义。我相信，我们提供的这个出版资助平台将对博士后研究人员激发创新智慧、凝聚创新力量发挥独特的作用，促使博士后研究人员的创新成果更好地服务于创新驱动发展战略和创新型国家的建设。

祝愿广大博士后研究人员在博士后科学基金的资助下早日成长为栋梁之才，为实现中华民族伟大复兴的中国梦做出更大的贡献。

中国博士后科学基金会理事长

前　言

人类对空间环境开发和利用的同时，却忽略了对空间环境的保护，数以亿计的空间碎片严重威胁着在轨航天器的安全，其中厘米级空间碎片由于数量多、尺寸大、无法规避被认为是对在轨航天器威胁最大的空间碎片。

激光清除技术自20世纪90年代初被提出后得到广泛关注，激光清除空间碎片利用的是激光烧蚀产生的冲量耦合效应和空间碎片的减速降轨效应。激光远距离传输辐照空间碎片表面，通过烧蚀碎片产生的等离子体羽流形成烧蚀冲量。空间碎片烧蚀过程中获得的冲量进一步改变其速度和方向，从而推动碎片偏离轨道或推动碎片坠入大气层烧毁。探索激光与空间碎片的冲量耦合规律、不同形状空间碎片在激光辐照下的冲量规律及空间碎片在激光辐照下的轨道变化规律势在必行。

针对纳秒脉冲激光烧蚀典型空间碎片材料的力学耦合机理，通过实验和理论相结合的方法，本书详细讨论纳秒脉冲激光烧蚀羽流喷射特性及微冲量特性，分析典型形状空间碎片激光辐照冲量矢量特性及空间碎片在地基激光辐照下的轨道特性，研究结论可为激光清除空间碎片方案设计和效果评估提供技术基础。

全书共6章：第1章绪论；第2章纳秒脉冲激光烧蚀冲量耦合特性实验方法，包括脉冲激光烧蚀等离子体羽流测量和微冲量测量；第3章纳秒脉冲激光烧蚀羽流喷射特性；第4章纳秒脉冲激光烧蚀微冲量特性；第5章纳秒脉冲激光辐照典型形状碎片冲量特性；第6章地基激光辐照清除空间碎片轨道变化特性。全书紧紧围绕脉冲激光烧蚀冲量耦合特性展开，通过实验向读者揭示脉冲激光烧蚀冲量耦合机理及烧蚀等离子体羽流喷射特性，从而揭示纳秒脉冲激光烧蚀冲量耦合作用方向及作用时间规律，使读者能够理解脉冲激光烧蚀的力学作用机制，从而为理解激光清除空间碎片的原理和方法奠定基础；基于轨道动力学理论，仿真分析激光清除空间碎片轨道变化过程，解决地基激光清除空间碎片仿真计算难题，从而为空间碎片清除方案设计与效果评估提供依据。

在研究过程中，航天工程大学激光推进及其应用国家重点实验室为实验条件和平台建设提供了良好的基础，实验室洪延姬研究员、金星研究员、叶继飞副研究员在研究过程中给予了耐心的指导和无私的帮助，尤其是金星研究员在具体问题上的真知灼见令作者受益匪浅，我的同事李南雷、周伟静、邢宝玉，研究生康博琨、林正国、李超等为本书的出版做了大量工作，在此一并表示衷心感谢。

本书得到了中国博士后科学基金和国家自然科学基金的资助。

限于作者水平，书中难免存在不足之处，希望读者批评指正并提出宝贵意见。

本书是黑白印刷，故书中部分彩图无法呈现，有需要的读者可以联系作者获取(邮箱为 changhao5976911@163.com)。

常浩

2019 年 5 月

目　录

第1章　绪　　论

激光推进技术作为一种新概念推进技术，在航天器的发射、轨道机动和姿态控制等方面展现出广泛的应用前景。空间碎片清除是激光推进技术的一个重要应用领域，利用激光与碎片的相互作用，使碎片产生烧蚀反喷，形成反冲冲量，降低碎片的飞行速度，从而使其降轨，最终进入大气层烧毁，达到清除碎片的目的。

1.1　空间碎片清除方法概述

自人类开展航天活动以来，迄今已将6000多颗航天器送入太空，这些航天器创造了巨大的社会效益和军事效益，但是其在发射和寿终正寝后将变成空间碎片，威胁在轨航天器的安全。文献[1]指出，在近地轨道上直径大于10cm、小于100cm的空间碎片数目约为22000个，直径大于1cm、小于10cm的空间碎片数目约为17万个。同时，数量庞大的空间碎片轨道自然衰减过程是非常缓慢的。据报道，轨道高度在1000～2000km的空间碎片寿命为100年或者更长，轨道高度在800～1000km的空间碎片寿命为数十年，轨道高度在600～800km的空间碎片寿命有十几年[2]。如果按照传统的自然减缓方式将会使未来的空间环境进一步恶化，最终导致空间环境不可用，因此如何主动清除空间碎片一直是国际社会广泛关注的问题。

1.1.1　空间碎片

美国国家航空航天局(National Aeronautics and Space Administration，NASA)轨道碎片项目办公室发布的数据表明，目前空间碎片数量以每年5%的速度增加[1]。因此，许多科学家警告，如果不能有效地抑制空间碎片的快速增长，人类将不得不在不久的将来停止空间探索。特别是近地轨道，若其数量达到饱和状态，则碎片与卫星碰撞概率增大，有可能导致轨道资源成为废墟[3,4]。

2009年发生的俄罗斯卫星和美国卫星撞击事件为空间碎片的空间安全威胁问题敲响了警钟。空间碎片飞行速度超过7.9km/s，数量巨大的微小尺寸空间碎片可改变在轨航天器的表面性能。稍大的空间碎片撞击卫星表面会造成撞击坑。当大的空间碎片与航天器碰撞时，可使航天器的姿态改变。当空间碎片的能量足够大时，将穿透航天器表面，使航天器发生爆炸或解体[5]。航天史上已发生过多起空间碎片撞击在轨航天器的事件。因此，如何减轻空间碎片的威胁，如何清除空间碎片，一直受到国际社会普遍关注[6-11]。

减少空间碎片的措施归结起来是“避、禁、减、清”。“避”就是利用地基或天基的太空监视系统对空间碎片进行监控，通过航天器消耗燃料变轨主动规避方式，避免与空间碎片发生碰撞。“禁”就是通过国际法规的约束，禁止在太空进行武器实验，包括核动力的卫星和各种空间武器平台等。“减”就是发射航天器的国家通过采取各类技术措施(如将运载火箭多余的燃料排放掉，以避免火箭爆炸形成碎片等)，尽量减少空间碎片的增加。“清”就是通过发展空间碎片清除技术，对已经存在的碎片进行抓捕回收或使其降轨进入大气层烧毁等。

前三种措施治标不治本，根本上还应发展空间碎片清除技术。2009 年在德国召开的欧洲太空碎片大会发表的公报中提到，从长远来看，仅减少制造新的空间碎片已经不足以维持一个安全而稳定的太空环境，人们需要采取措施，主动清除空间碎片。

国际惯例通常将空间碎片按照尺寸大小分为三类，分别为小于 1cm、1～10cm 和大于 10cm 碎片[12]。对于尺寸小于 1cm 的空间碎片，可行的办法是采用被动式屏蔽防护层抵挡空间碎片的超高速撞击，现有防护技术能够使在轨卫星抵挡小于 1cm 空间碎片的超高速撞击。对于大于 10cm 的空间碎片，如果采用屏蔽防护方式，不但卫星造价高昂，而且发射成本升高，目前一般通过预警方式进行轨道规避。对于尺寸为 1～10cm 的空间碎片，目前既无法机动躲避，也难以采用屏蔽防护，被国际社会公认为对航天器威胁最大[1]，如图 1.1 所示。

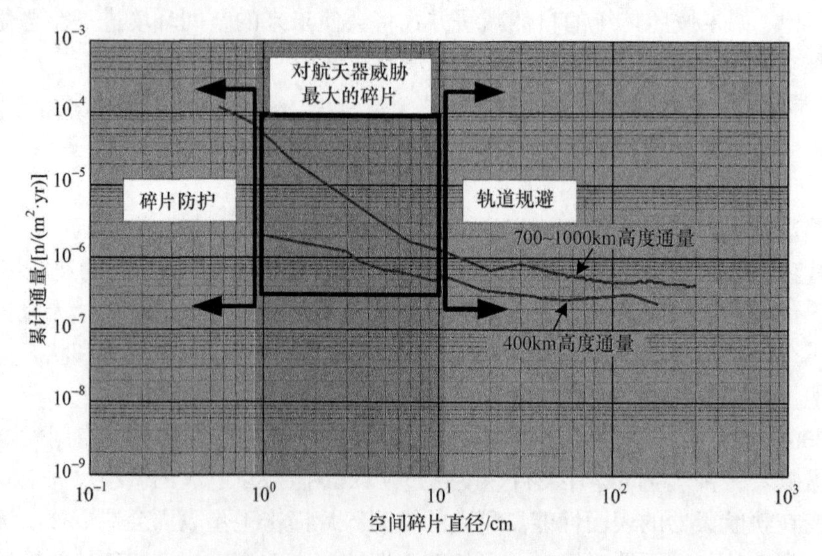

图 1.1 空间碎片直径与累计通量关系[12]

1.1.2　激光清除空间碎片方法

自空间碎片危害引起关注以来，国际上曾进行过各种各样的空间碎片清除概念的探讨[13-16]，比较有代表性的非激光类技术途径有太阳辐射压力离轨[17]、电动力系绳离轨[18-20]、网捕装置[21]、机械臂捕捉[22]、气动阻力离轨装置[23]等。太阳辐射压力离轨通过在地球同步轨道部署大型太阳能帆，利用辐射压力改变碎片轨道高度，从而离开地球同步轨道。电动力系绳离轨事先在卫星内放置一条几千米长的电动力缆绳，当废弃卫星达到指定地点时，打开电动力缆绳，在电离层和地球磁场的共同作用下，电缆上会产生持续的电流，地球的磁场会在电缆上产生向下的拉力，从而使卫星逐渐下降。网捕装置首先通过压缩弹簧进行发射，通过旋转离心力打开，捕获空间碎片后，再通过系绳收回捕获网。机械臂捕捉方式采用自主完成与轨道上空间碎片逼近和交会的方式，在地面遥控操作下，运用机械臂控制技术完成对空间轨道碎片的清除。气动阻力离轨装置使用充气装置形成气球或者抛物面形状，以提高气动阻力，降低飞行速度，使轨道高度逐渐下降，最终坠入大气层。上述方法之间的比较如表 1.1 所示。

表 1.1　非激光类空间碎片清除方法比较

技术途径	技术难度	适用范围	实现情况	国家/地区
太阳辐射压力离轨	很难调度和控制，产生辐射压力时间较长	地球同步轨道碎片	概念阶段	英国
电动力系绳离轨	需要精确的绳系动力学模型与精确的控制策略	低轨废旧卫星	实验阶段	美国
网捕装置	捕捉控制难度大，清除数量有限等	低轨大空间碎片	概念阶段	欧洲
机械臂捕捉	成本高，清除数量有限等	低轨大空间碎片、废弃卫星	实验阶段	美国 英国
气动阻力离轨装置	成本高，清除时间较长，效果有待实验验证	低轨大空间碎片、废弃卫星	概念阶段	美国

可以看出，上述主动清除方法一次只能清除有限数量的大碎片，且成本过高；有些清除方法处于概念阶段，技术还不成熟，对于对航天器威胁最大的厘米级空间碎片更显无能为力。激光清除技术自 20 世纪 90 年代初被提出后，得到了国际社会的广泛关注，NASA 马歇尔空间飞行中心物理学家 Campbell 认为近年来激光技术取得了很大进步，用激光清除空间碎片的平均成本只有几千美元，考虑到庞大的空间碎片数量，特别是厘米级空间碎片，用激光进行清除，是人类唯一的选择[24]。

激光清除空间碎片一般有连续波激光清除和脉冲激光清除两种模式。连续波激光清除空间碎片利用激光的热效应，通过辐照碎片使其温度升高，从而发生熔融气化,最终使碎片全部被激光烧蚀形成气态烧蚀产物,实现了碎片的激光清除，如图 1.2 所示。事实上，这一清除机制要求有足够的激光能量，例如，对于直径为 10cm、质量约为 70g 的铝材料空间碎片[25]，完全将其气化，需要连续激光以 1MJ 的能量聚焦在 10cm 直径(光斑)的空间碎片上，连续照射 10s。如果使用地基激光清除，考虑到大气的衰减及各种非线性效应，那么激光器输出功率和能量将会更高。此外，空间碎片在连续波激光辐照过程中有可能解体、爆炸，从而分解出更多的碎片。因此，采用连续波激光清除空间碎片方法不可行。

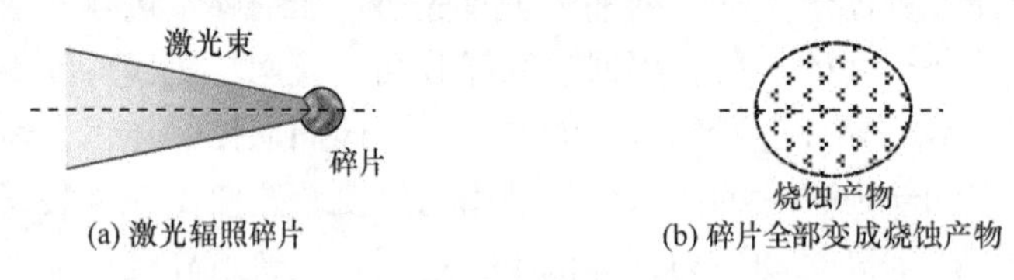

(a) 激光辐照碎片　　(b) 碎片全部变成烧蚀产物

图 1.2　连续波激光清除空间碎片工作机制

脉冲激光清除空间碎片利用的是激光烧蚀固体靶产生的冲量耦合效应[26]，是烧蚀激光推进方式的重要应用。其原理是：高功率脉冲激光辐照碎片，光能转化为热能，在极短的时间内，光斑区的温度升至材料的熔点，甚至沸点，形成的气化产物进一步电离形成等离子体，等离子体急剧膨胀形成高速射流离开碎片，使碎片获得反冲冲量，如图 1.3 所示。

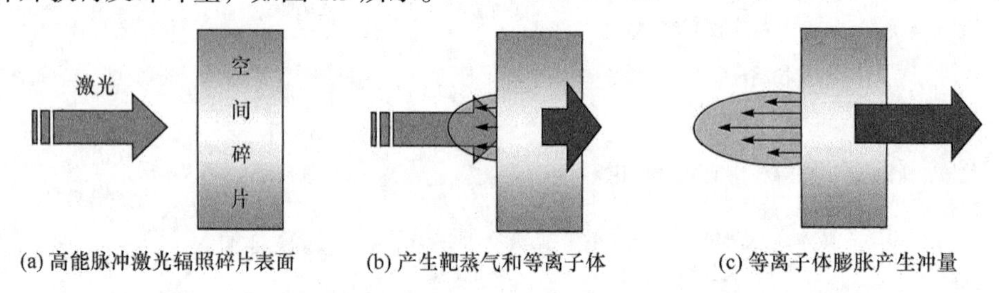

(a) 高能脉冲激光辐照碎片表面　　(b) 产生靶蒸气和等离子体　　(c) 等离子体膨胀产生冲量

图 1.3　脉冲激光清除空间碎片工作机制

在激光烧蚀形成的反冲冲量作用下，空间碎片轨道速度降低。因此，清除的策略不是直接烧蚀整个空间碎片(这需要的激光能量和激光功率密度太大，硬件上难以实现)，而是通过激光烧蚀降低碎片的轨道速度。激光烧蚀碎片产生的反冲冲量越大，碎片的轨道速度降低得越多，轨道速度越小，对应的碎片绕地轨道短半轴长度越短。一般认为碎片的近地点高度小于 230km 就不能再入轨道飞行了，而是进入大气层烧毁。图 1.4 是基于激光烧蚀冲量耦合的空间碎片清除原理示意图，图 1.4(a)中碎片获得的反冲冲量方向与碎片速度增量方向相同，图 1.4(b)中轨道 1

的短半轴高度大于 230km，而轨道 2 的短半轴高度小于 230km，分别表示能够继续绕地球进行轨道飞行的轨道和不能再继续绕地球进行轨道飞行的轨道而进入大气层烧毁的轨道。考虑到只需通过改变碎片的速度或方向以改变其轨道，这种清除方式将大大降低所需的激光能量，该清除机制更为可行。

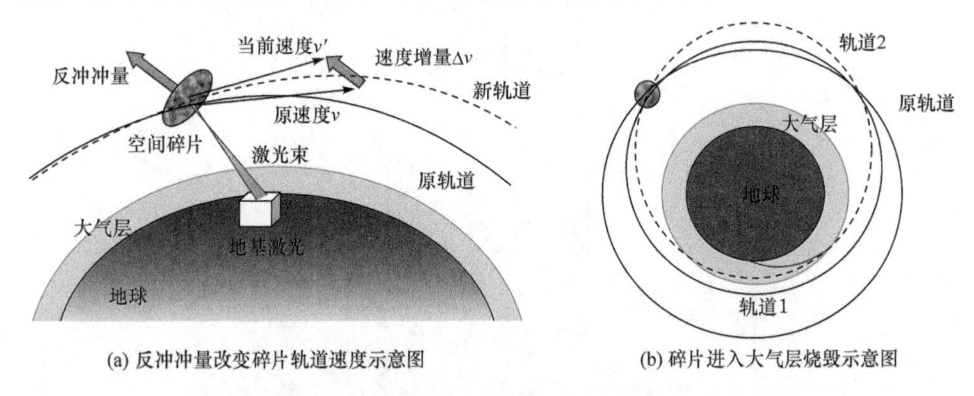

(a) 反冲冲量改变碎片轨道速度示意图　　(b) 碎片进入大气层烧毁示意图

图 1.4　基于激光烧蚀冲量耦合的空间碎片清除原理示意图

1.2　国内外研究现状

高能脉冲激光烧蚀靶材会产生烧蚀反喷冲量，使碎片改变其速度和方向，从而推动碎片进入大气层烧毁。因此，激光烧蚀冲量耦合是激光清除空间碎片的关键。描述冲量耦合特性的物理参数一般为冲量和冲量耦合系数，冲量反映的是脉冲激光烧蚀产生的宏观力学效应；冲量耦合系数为冲量除以入射激光能量，单位为 N · s/J，反映的是激光能量转化为冲量的能力。

激光烧蚀冲量耦合研究以激光与物质相互作用为基础，包含激光辐照靶材热效应及靶材烧蚀形成羽流膨胀过程等内容，首先对这两方面进行介绍，随后对冲量耦合研究进展进行介绍，最后介绍国外激光清除空间碎片的研究动态。

1.2.1　激光烧蚀冲量耦合

当激光辐照靶面时，部分激光能量被反射，其余激光能量透过靶材并被靶材吸收。吸收的激光能量在靶材内部沉积并加热靶材，使靶材的温度逐渐升高，吸收能量的增加导致靶材熔融和气化，这种伴随烧蚀物质发生迁移的过程称为激光烧蚀。激光烧蚀过程分为两个阶段[27]：第一阶段，激光能量沉积靶材导致靶材温度升高，如图 1.5 所示；第二阶段，当温度达到汽化温度时，靶物质蒸发，由蒸发羽流形成的等离子体与入射激光相互作用，导致部分入射激光能量被吸收，产生等离子体屏蔽效应，如图 1.6 所示。因此，激光烧蚀过程的理论建模应该考虑两个主要现象：第一，激光对靶材的加热，引起靶材温度和烧蚀率的变化；第二，靶蒸气等离子体羽流膨胀过程，同时考虑等离子体羽流对入射激光的辐射吸收及等离子体屏蔽效应对靶材烧蚀的影响。

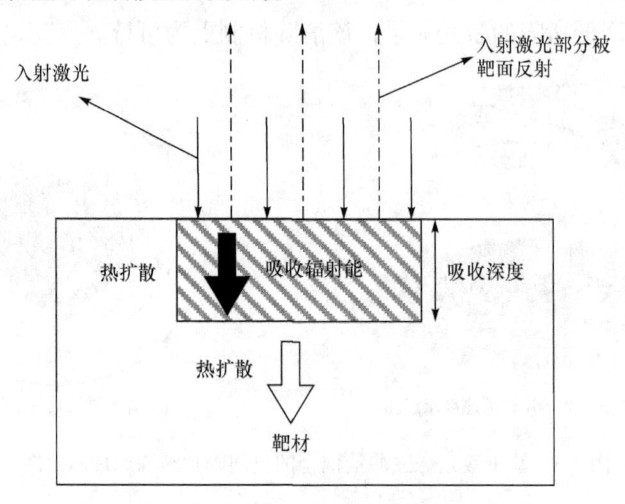

图 1.5　第一阶段激光烧蚀靶材图示

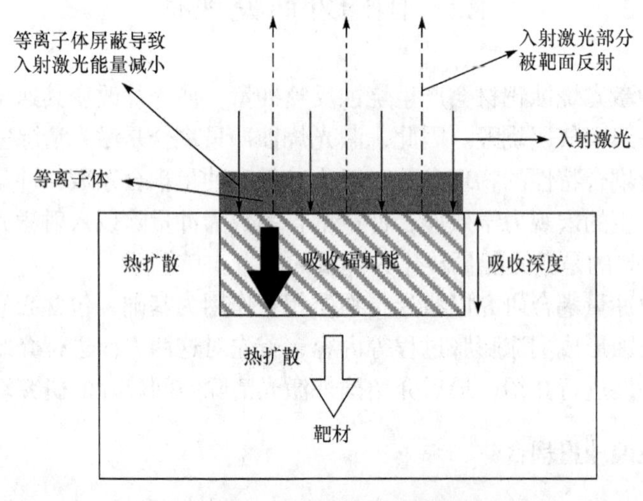

图 1.6　第二阶段激光烧蚀靶材图示

1. 激光加热靶材

激光清除空间碎片的原理是基于脉冲激光烧蚀冲量耦合效应，激光脉宽的不同，激光烧蚀靶材的原理也不尽相同[28]。对于毫秒或纳秒激光，烧蚀过程主要包括热传导、熔化、蒸发及等离子体形成等。对于皮秒或飞秒激光，激光能量不能瞬间转化为靶材晶格能，因此必须采用双温模型来描述靶材在激光辐照下的热效应。

当激光辐照靶材时，入射激光能量仅有一部分被靶面吸收，随着靶材深度的增加，吸收的激光能量在靶材内部传播过程中持续减弱，能量强度按照指数规律衰减，用 Beer-Lambert 定律可以描述为[29]

$$I_m(x)=\left(1-R_m\right)I_0\mathrm{e}^{-\alpha_m x} \tag{1-1}$$

式中，α_m 为靶材的吸收系数，其倒数为靶材的特征吸收深度 δ_m；R_m 为靶面的反射率。

对于金属烧蚀，由于靶材的特征吸收深度远小于激光光斑大小，因此垂直于靶面方向的温度梯度比平行于靶面方向的温度梯度大几个数量级。因此，可以建立一个沿激光入射方向的一维热传导模型。宏观上，激光对靶材的加热模型可以忽略微观上光子、电子与晶格声子的相互作用，最终导致温度升高。这个过程可以根据能量守恒定律和经典傅里叶定理推导[30]，表达式为

$$C\frac{\partial T}{\partial t}=\nabla\cdot\left(K\nabla T\right)+S \tag{1-2}$$

式中，C 为靶材比热；T 为靶材温度；t 为时间变量；K 为靶材热导率；S 为激光热源项。上述方程为抛物线形式，对应的模型称为抛物线一步(parabolic one-step, POS)模型。

这里假设激光辐射能转化为晶格能瞬时完成，因此热传导是一个扩散过程。然而，对于超短脉冲激光，如皮秒激光、飞秒激光，辐射能转化为晶格能不能认为是瞬时完成的。这种情况下，需要考虑激光辐射能转化为晶格能的时间，也称为弛豫时间。弛豫时间是指在激光辐照靶材条件下，将激光能量转换给靶材，并使靶材温度重新达到稳定状态所需要的时间。因此，在考虑弛豫时间情况下，POS 模型可修改为[31]

$$\begin{aligned} C\frac{\partial T}{\partial t}&=-\nabla\cdot Q+S \\ \tau_e\frac{\partial Q}{\partial t}+Q&=-K\nabla T \end{aligned} \tag{1-3}$$

式中，Q 为能量密度；τ_e 为电子弛豫时间。如果电子弛豫时间(10^{-13}s)[32]比脉宽小很多，那么认为辐射能瞬时转化为晶格能，这种条件下，计算结果收敛于 POS 模型的计算结果。

靶材烧蚀实验方面，文献[33]研究了利用不同脉冲长度(微秒、纳秒、皮秒和飞秒)的激光烧蚀同一种金属物质的烧蚀质量。实验结果表明，随着脉冲长度的缩短，在工质上形成的烧蚀空洞的形状越来越整齐。这主要是因为热传导效应随着脉冲长度的缩短而减弱。同时，实验发现纳秒激光烧蚀效率最高，如图 1.7 所示。因此，在同样激光能量下，纳秒激光烧蚀质量最大，这对于冲量耦合形成也是有

利的。通常情况下，纳秒脉宽激光峰值功率较大，如 YAG 固体激光器可以烧蚀金属等材料。毫秒脉宽激光功率较小，如半导体激光器，也正因为激光器功率小，所以采用较长的脉宽来实现能量的沉积，而这种入射激光特性决定了被烧蚀工质靶材只能是导热率较低的非金属材料。空间碎片材料大多为铝材等金属材料，因此使用纳秒脉宽激光作用较为有利。

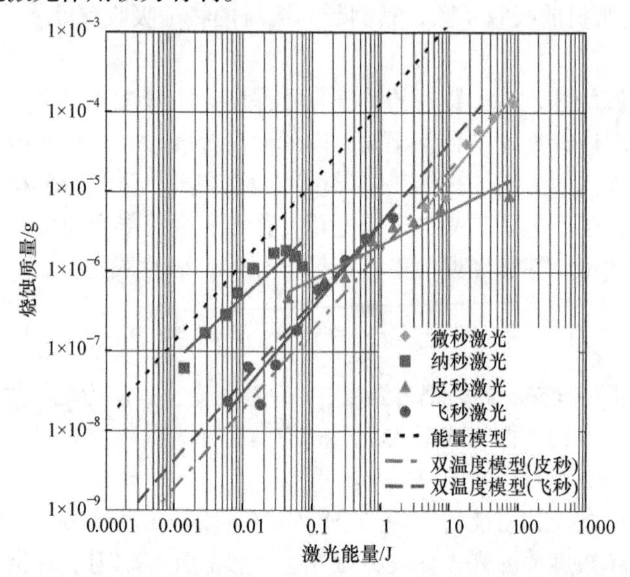

图 1.7　不同激光脉冲(微秒、纳秒、皮秒和飞秒)下烧蚀质量随能量的变化[33]

对于纳秒激光烧蚀，常见的对激光加热方式的理论处理方法有两种：一种是把激光加热作为面热源；另一种是把激光加热作为体热源。下面就以温度场满足的一维热传导方程为例来说明这两种处理方式。

首先考虑体热源的加热方式，许多学者采用 POS 方程作为控制方程计算热传导，并计算靶材温度变化。Baeri 等[34]、Wood 等[29]基于此对靶材熔化进行了建模；Dabby 等[35]在考虑靶面蒸发情况下，计算了靶材的烧蚀率；Bhattacharya 等[36]利用 POS 模型和能量守恒计算烧蚀率。但是，以上模型均没有考虑靶面向靶材内部的烧蚀移动。Peterlongo 等[37]提出了利用烧蚀后退面作为参考坐标系，则改进的 POS 模型为

$$c_p\rho_m\frac{\partial T}{\partial t}=\nabla\cdot\left(K\nabla T\right)+c_p\rho_m\left.\frac{\partial x}{\partial t}\right|_{x=0}\frac{\partial T}{\partial x}+S \tag{1-4}$$

式中，ρ_m 为靶材密度；$c_p\rho_m\left(\partial x/\partial t\right)\big|_{x=0}\left(\partial T/\partial x\right)$ 表示由靶物质蒸发和靶面边界移动引起的能量损失。

Bulgakova 等[38]对式(1-4)进一步修改，热传导方程中包含了熔化潜热，得到

$$\left[c_p\rho_m + L_{ml}\delta\left(T - T_{ml}\right)\right]\left(\frac{\partial T}{\partial t} - \frac{\partial x}{\partial t}\bigg|_{x=0}\frac{\partial T}{\partial x}\right) = \nabla\cdot\left(K\nabla T\right) + S \tag{1-5}$$

式中，L_{ml} 为熔化潜热；T_{ml} 为靶材熔化温度；δ为差量函数；其余各项与式(1-4)相同。Stafe 等[39]、Rozman 等[40]和 Aghaei 等[41]在此基础上进一步计算了靶材烧蚀量。

如果考虑面热源加热方式[42]，那么靶材温度 T 满足热传导方程，可以写为如下形式：

$$\left[c_p\rho_m + L_{ml}\delta\left(T - T_{ml}\right)\right]\left(\frac{\partial T}{\partial t} - \frac{\partial x}{\partial t}\bigg|_{x=0}\frac{\partial T}{\partial x}\right) = \nabla\cdot\left(K\nabla T\right) \tag{1-6}$$

在 x=0(靶面位置)处有

$$K\frac{\partial T(0,t)}{\partial x} = \rho L_v u(t) - (1-R)I(t) \tag{1-7}$$

式中，x 为靶材深度；L_v 为气化潜热；$u(t)$ 为烧蚀速度；R 为靶面反射系数；K 为热导率；$I(t)$为入射激光强度。无论是面热源还是体热源情形下，在另一个方向上的无穷远处，都没有热流存在。

除以上理论模型外，也有很多文献用焓而不用温度作为变量来描述激光加热过程，其物理本质是相同的，只是数学表达不同[43]。可以看出，部分模型没有考虑等离子体形成对入射激光的屏蔽，即认为烧蚀靶材的激光能量为初始激光辐照的能量。实际上，由于等离子体对入射激光的吸收，真正与靶材耦合的激光能量可能会比初始能量小，因此该模型存在一定的不足。

2. 靶蒸气羽流膨胀理论

针对靶蒸气羽流在真空或环境气体的膨胀问题，学者们采用两类较为常用的方法进行处理。一类是采用数值仿真方法，其中，流体动力学计算是最为常见和最常采用的模型[44-50]；另一类是采用解析模型，主要有点爆炸膨胀理论[51]、自相似膨胀理论[52]等。解析模型需要很多烧蚀结束后的物理量信息，如烧蚀结束后去除物质的总质量、进入烧蚀产生的羽流场的总能量等，这些信息的获取只能从实验数据推测得到或者通过其他方式估计得到，同时，对靶材简单的热传导方程求解也只能是通过对羽流压力、密度等物理量估算得到。

目前，采用流体动力学计算羽流膨胀过程是较为主流的方法，常见的流体模型分为两类[53]：单温度模型和双温度模型。单温度模型是指所有的粒子(原子、离子和电子)都可以用一个局域温度来描述，三种甚至更多种粒子都达到了局域热平衡。双温度模型可进一步细分为两类：单流体(每种组分都拥有共同的速度)模型和多流体(每种组分都拥有自己的速度)模型。相比而言，单温度模型更简单，容易求解。在真空或者较低环境压力(约为 100Pa)时，许多学者利用流体动力学欧拉方程描述靶蒸气等离子体羽流的膨胀过程，如式(1-8)所示[54]。

$$\begin{cases} \dfrac{\partial \rho}{\partial t} = \dfrac{\partial(\rho v)}{\partial x} \\ \dfrac{\partial(\rho v)}{\partial t} = -\dfrac{\partial}{\partial x}\left[p + \rho v^2 \right] \\ \dfrac{\partial}{\partial t}\left[\rho\left(E + \dfrac{v^2}{2} \right) \right] = -\dfrac{\partial}{\partial x}\left[\rho v\left(E + \dfrac{p}{\rho} + \dfrac{v^2}{2} \right) \right] + \alpha_{pl} I_{\text{laser}} - \varepsilon_{\text{rad}} \end{cases} \tag{1-8}$$

式中，ρ 为等离子体羽流质量密度；v 为速度；ρv 为动量；ρE 为内能密度；$\rho v^2/2$ 为动能密度；p 为压力；x 和 t 分别为羽流空间和时间坐标；α_{pl} 为等离子体羽流对入射激光的吸收系数；I_{laser} 为入射激光强度；ε_{rad} 为各种辐射损失。

Anisimov 等[55]基于上述方程组对激光脉冲结束后的烧蚀等离子体羽流膨胀过程进行了建模研究。由于激光脉冲持续时间比羽流膨胀特征时间小很多，因此认为等离子体羽流初始膨胀尺寸很小，在激光脉冲结束后且羽流初始尺寸的基础上，数值计算羽流膨胀过程参数。Bogaerts 等[56,57]采用流体动力学方法，计算得到了纳秒激光烧蚀铜靶的等离子体温度和电子数密度，并与环境气压为 1atm①条件下的实验结果进行了比较。除了以上模型，也有一些模型讨论了等离子体羽流在背景气体中的膨胀。Neamtu 等[58]对脉冲激光在环境气体中烧蚀羽流膨胀过程进行了建模研究，认为在忽略环境气体与膨胀等离子体化学反应的条件下，等离子体羽流中压力变化是由于环境气体的存在。

3. 冲量耦合特性

目前，国外系统开展激光烧蚀冲量耦合理论工作的主要是日本名古屋大学的 Sakai[59]，他研究了纳秒脉冲激光烧蚀铝靶的冲量耦合效应，基于 Bogaerts 等[56,57]建立的烧蚀模型，将激光与固体靶的作用机理分为以下三个阶段：①靶材在激光辐照下的加热过程，以及靶面的气化过程；②靶蒸气吸收入射激光能量，并使得靶蒸气电离、升温过程；③靶蒸气等离子体的膨胀运动过程。运用流体动力学方法对烧蚀模式下激光与靶材的冲量耦合进行了数值模拟研究。数值计算得到了靶冲量随时间的变化关系，并比较了相同激光参数条件下，不同背压环境靶获得的冲量之间关系。

此外，Phipps 等[60,61]通过研究发现，在真空环境下，当激光强度不太高时，烧蚀靶材产生的冲量主要源于靶物质的气化蒸发及喷射。因此，气化机制下的烧蚀效率不高，导致冲量耦合性能较低。随着靶蒸气温度的升高，烧蚀效率逐渐提

① 1atm=1.01325×10^{5}Pa。

高，冲量耦合性能也随之提高。当靶蒸气温度达到一定程度时，开始电离，形成等离子体。激光强度越高，等离子体越强，等离子体吸收入射激光能量也越多，从而导致激光与靶耦合的能量减少，冲量耦合性能下降。因此，对于某一特定的激光能量存在一个最佳激光脉宽，使得冲量耦合系数达到最大；或者对于某一特定的激光脉宽，存在某一最佳的激光功率密度，使得冲量耦合系数达到最大。Phipps 等对真空环境下大量实验结果数据的统计分析发现，在对数坐标系下，激光脉宽与达到最优冲量耦合对应的激光能量密度是线性关系，不同波长激光辐照下的数据具有一定的趋同性，具体如图 1.8 所示。

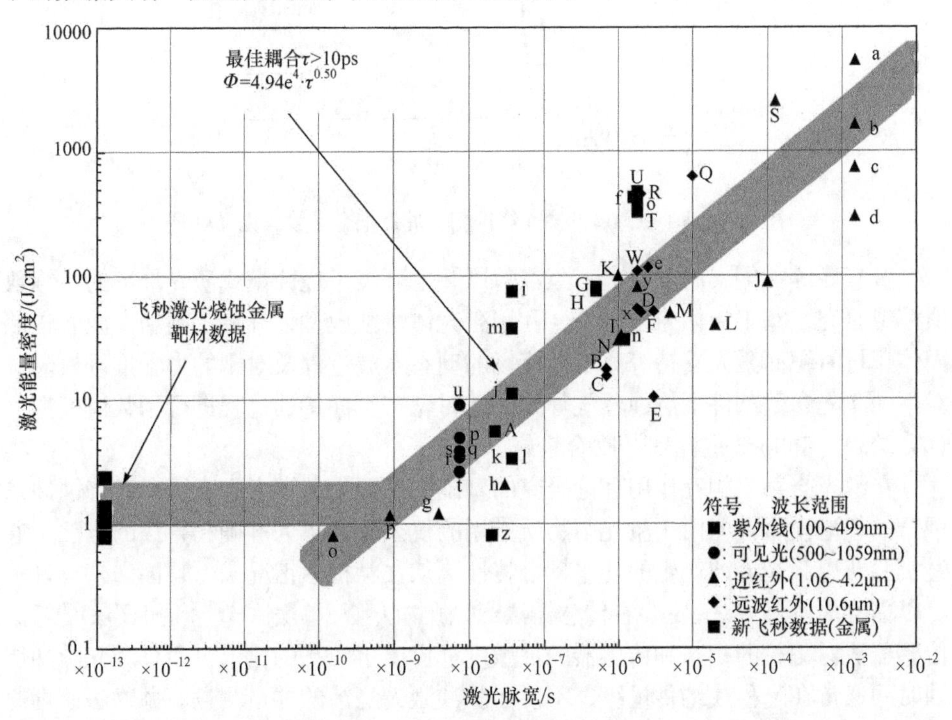

图 1.8 最优冲量耦合条件下入射激光能量密度与激光脉宽之间的关系[60]

因此，可以将激光烧蚀冲量耦合过程大致分为两个阶段：气化阶段的冲量耦合；离化阶段的冲量耦合。气化阶段的冲量耦合不考虑气体的离化和等离子体的屏蔽效应，仅考虑靶材的气化及靶蒸气的流体力学膨胀。离化阶段的冲量耦合按照 Phipps 等[61]建立的等离子体定标关系计算。Phipps 等[62,63]和 Sinko 等[64]基于以上研究，建立了基于电离度的冲量耦合系数计算模型。图 1.9 给出了 Phipps 得到的激光烧蚀靶材冲量耦合系数变化规律，理论与实验结果符合较好。由图 1.9 可以看出，波长涵盖了紫外、中红外和远红外三种波长，激光脉宽从纳秒量级至微秒量级。

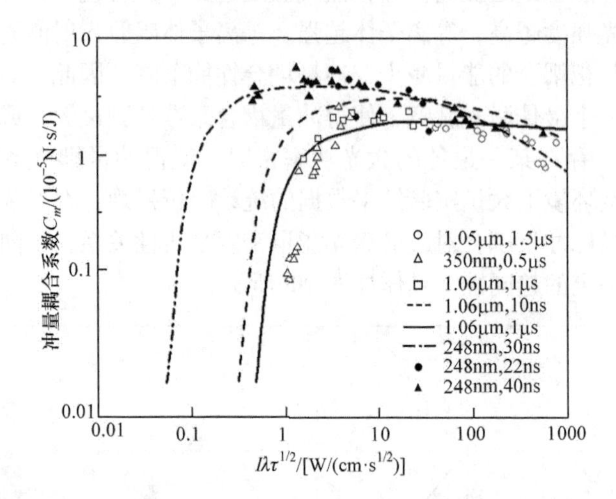

图 1.9 基于电离度的激光烧蚀靶材冲量耦合系数变化规律[62]

童慧峰等[65-68]、唐志平[69]、袁红等[70,71]也开展了烧蚀模式激光推进的二维数值模拟研究，基于流体力学理论，利用激光体烧蚀模型，计算了高功率激光辐照固体靶材时靶面激光支持等离子体流场的动态发展过程及对靶的力学推进效应，对不同激光参数条件下烧蚀蒸气等离子体对靶产生冲量的过程进行了数值模拟，计算结果与 Phipps 定标率[72]吻合较好。

在激光与物质相互作用理论研究的基础上，国内外学者探索了激光烧蚀冲量耦合的理论模型，但由于激光与物质作用的复杂性，更为准确和直接的方法是通过实验获得激光烧蚀产生的冲量耦合特性。从文献检索情况来看，国内外有许多可以借鉴的测量方法，主要有传感器法[73]、抛物法[74]、单摆法[75,76]和扭摆法[77]等。传感器法对靶材的相态和传感器的灵敏度都提出了较高的要求，而且激光脉冲烧蚀时间通常在毫秒或纳秒量级，不便于脉冲激光烧蚀的冲量测量。抛物法原理简单，对实验器件要求不高，但易引入空气阻力等造成的误差，导致测量结果存在很大误差。单摆法利用摆的微幅振动间接测量冲量，对实验器件要求也不高，但回复力由重力提供，导致设计缺乏足够的柔性，而且重力作为回复力会引入非线性效应，特别是在摆角较大时需要进行修正。扭摆法原理较复杂，对实验器件要求也比较苛刻，但是测量精度较高，而且脉冲推力和重力分离，设计上具有柔性。

扭摆系统根据测量精度和测量量程不同，可以采用不同的结构形式，但是基本结构是一致的。典型的扭摆系统测量方法为：将靶材置于扭摆一端，测量靶材在激光烧蚀作用下产生的摆角，根据所受力矩与摆角之间的关系求得靶的冲量。为了进一步提高精度，可以采用位移传感器或光学的方法测量靶受冲击作用后摆过的角度。如图 1.10 所示的扭摆系统，采用铍青铜丝进行两端固定，刚性横梁固定在铍青铜丝的中点，横梁的一端固定激光烧蚀用的靶材，在横梁的中心有一个反射镜。当激光作用于靶材时，一束探测激光指向反射镜，通过测量光斑在标尺上的移动距离即可测出扭转角。

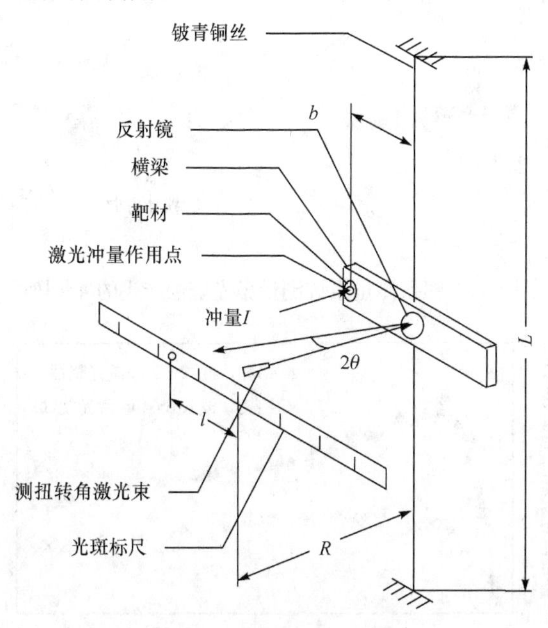

图 1.10 扭摆系统示意图

当激光单脉冲烧蚀靶材时(靶材固定在横梁的一端，与中心点的距离为 b)，靶材产生烧蚀反喷冲量，假设激光单脉冲产生的作用力时间为 t_1，则单脉冲激光产生的冲量为

$$I = \int_0^{t_1} f(t)\mathrm{d}t \tag{1-9}$$

式中，$f(t)$为激光产生的推力。

在冲量 I 作用下，横梁随时间 t 做有阻尼振动。当横梁扭转角为 $\theta(t)$时，激光束的转角为 $2\theta(t)$，因此光斑在标尺上的移动距离为

$$l(t) = R\tan\left[2\theta(t)\right] \tag{1-10}$$

式中，R 为光斑标尺与扭摆横梁的垂直距离。通过对光斑在标尺上移动距离进行测量，从而实现对冲量的测量。

Riki 等[78,79]和 D'Souza[80]利用图 1.11 所示的扭摆测量系统对铝、铜和不锈钢多种金属固体靶在纳秒脉冲激光辐照下的冲量进行了测量。在实验中，烧蚀靶面的脉冲激光光斑尺寸为 1.2mm。图 1.12 给出 532nm、1064nm 纳秒脉冲激光波长烧蚀下铝的冲量耦合系数的结果。可以看出，随着脉冲激光功率密度的增大，冲量耦合系数先增大到最大，然后逐渐减小。实验结果与 Phipps 等[62]提出的脉冲激光烧蚀冲量耦合结论一致。

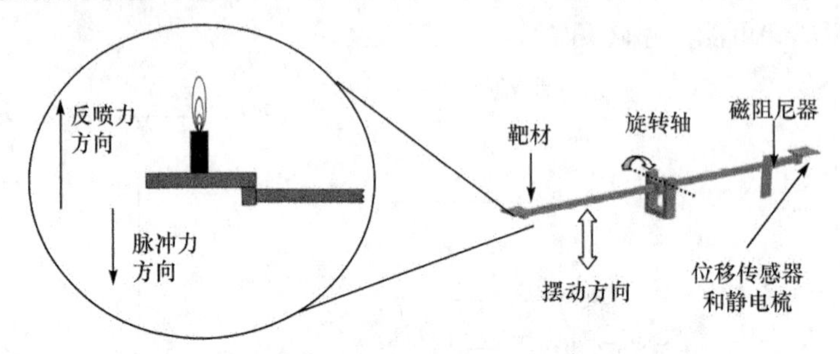

图 1.11　扭摆测量系统测量激光烧蚀产生的冲量[78]

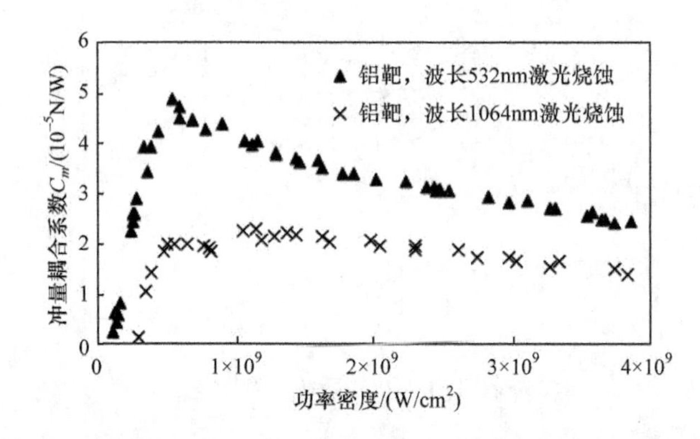

图 1.12　纳秒脉冲激光烧蚀下铝的冲量耦合系数随激光功率密度变化[79]

Gray 等[81]测量了真空环境中黑白热控涂层空间碎片材料的微冲量。实验使用两种透镜对入射激光聚焦，靶面的光斑尺寸分别为 0.41mm 和 0.3mm。图 1.13 给出两种材料的冲量耦合系数结果。他们认为热导率对冲量耦合系数的结果影响较大，热导率越大，能量耗散越大，冲量耦合系数越低。两种材料的冲量耦合系数随激光功率密度的变化也符合 Phipps 等[62]提出的纳秒脉冲激光烧蚀冲量耦合特性。

郑志远等[82]采用单摆冲量方法，对真空环境中的铝、石墨和碳氢化合物固体靶与纳秒脉冲激光相互作用产生的脉冲冲量进行了测量实验(实验中辐照面积从 0.114mm^2 变化至 5.143mm^2)，发现相同激光烧蚀能量下，烧蚀面积越小，冲量越小，冲量与激光功率密度成反比。实验结果与 Phipps 等获得的电离阶段等离子体屏蔽效应导致的冲量耦合系数随激光功率密度的增大而减小的结论一致。

在上述所有的冲量测量实验中，入射激光一般是通过聚焦透镜辐照一个理想的平面靶，焦点在靶面上或靶内部深处，如图 1.14 所示。平面靶上的光斑尺寸在百微米或更小，远小于平面靶的尺寸大小，D’Souza [80]称其为细观尺度上的激光烧蚀，本书称其为激光小光斑辐照烧蚀。

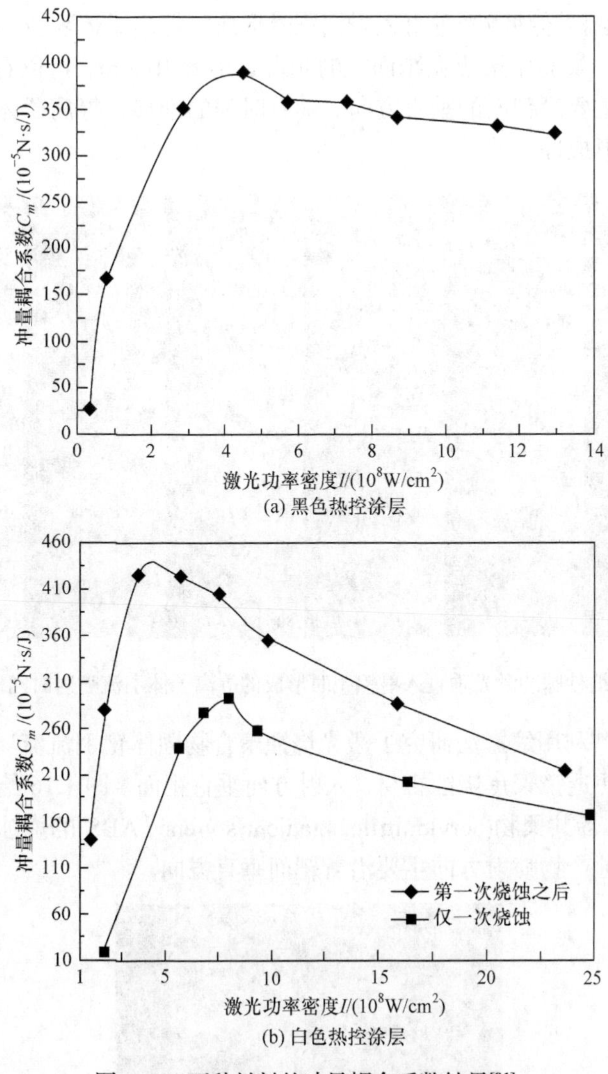

图 1.13 两种材料的冲量耦合系数结果[81]

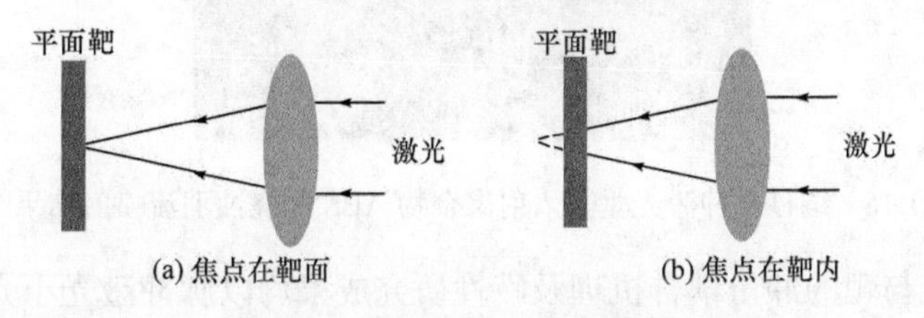

图 1.14 两种情况下的激光烧蚀

在上述激光小光斑辐照平面靶实验中，入射激光方向一般垂直靶面方向，通过观察烧蚀产物喷射实验可知，喷射方向也为靶面垂直方向。Hussein 等[83]利用阴影法等得到了纳秒脉冲激光垂直入射铝靶时形成的等离子体羽流喷射时间序列图，如图 1.15 所示。实验中聚焦在靶面上的光斑大小为 100μm，可以看出，等离子体羽流射流方向主要沿靶面的垂直方向。随着时间的推移，等离子体不断膨胀，压缩周围气体，形成冲击波。

图 1.15 纳秒脉冲激光垂直入射铝靶时形成的等离子体羽流喷射时间序列图[83]

叶继飞等[84]利用纹影法研究了激光烧蚀聚合物固体靶羽流流场特性。实验中，入射激光经聚焦透镜聚焦烧蚀靶材，入射方向垂直靶面。图 1.16 给出聚合物丙烯腈-丁二烯-苯乙烯共聚物(acrylonitrile butadiene styrene，ABS)的烧蚀羽流喷射结果。可以看出，烧蚀产物喷射方向主要沿着靶面垂直方向。

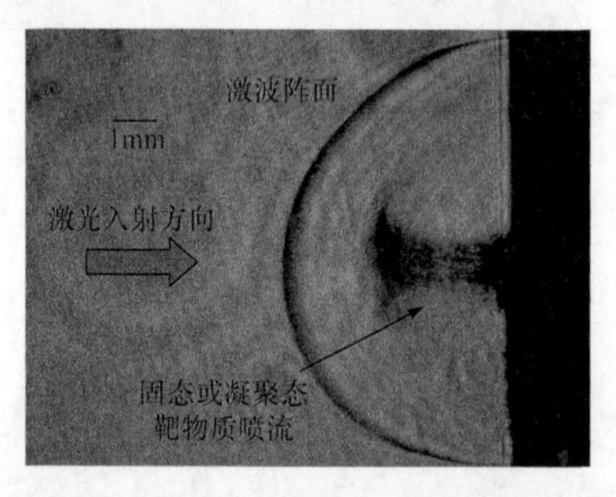

图 1.16 纳秒脉冲激光垂直入射聚合物 ABS 的烧蚀羽流喷射结果[84]

以上激光与靶的冲量耦合机理及特性研究成果均以脉冲激光小光斑辐照平面状靶材为前提。美国洛斯阿拉莫斯实验室的 Liedahl 等[85]以固体靶任意面积微元上的冲量矢量方向与面积微元表面垂直，冲量耦合系数与脉冲激光小光斑辐照下的冲量耦合系数相同，对典型非平面状空间碎片激光全辐照下的冲量进行理论计算分析，得到了典型形状碎片的冲量变化特性规律。

1.2.2 激光清除空间碎片

20 世纪 90 年代，美国学者最先提出利用激光烧蚀冲量耦合效应清除厘米级空间碎片的设想。近年来，随着高能激光器技术的不断发展及空间碎片危害的急剧增加，激光清除方法由于其效率高、无污染等优点脱颖而出，其中，以高能纳秒脉冲激光清除方法尤为突出，成为研究热点[86-93]，以 ESA 和 NASA 分别支持的 CLEANSPACE 计划[86]和 ORION 计划[89,90,94]最具代表性。

1. 地基激光清除空间碎片

早在 20 世纪 90 年代，美国洛斯阿拉莫斯实验室的 Phipps[94]提出采用地基高能脉冲激光清除近地轨道空间碎片的 ORION 计划，该计划得到了 NASA 和美国空军的联合支持，研究团队由美国空军菲利普斯实验室、麻省理工学院林肯实验室、NASA 马歇尔航天飞行中心、光学协会和天狼星公司组成。该计划对激光器系统、激光清除空间碎片机理等内容进行了较为系统的分析论证，最终形成了包含 ORION 系统概念设计、空间目标获取、方案风险、系统分析等内容的 NASA 报告。

早期 ORION 计划提出，利用一台激光波长为 532nm、重频为 1Hz、脉宽为 40ns、平均功率为 20kW 的地基激光器清除直径在 1～100cm 的空间碎片，地基激光器的发射口径达到 6m，单次过顶能够提供给碎片的速度增量总计达到 235m/s，如图 1.17 所示。在随后的研究中，他们进一步改进了这一计划，提出了一种标准方案[95]，即利用一台激光波长为 1.06μm、重频为 2Hz、脉宽为 10ns、平均功率为 30kW 的地基激光器清除直径在 1～10cm、轨道高度在 1500km 以内的空间碎片，计划在 2 年内清除完毕，地基激光器的发射口径同样达到了 6m，远场激光能量密度达到了 5J/cm^2，这一方案也称为 10ns 标准方案。

2012 年，Phipps 等[89]重新评估了地基激光器清除空间碎片研究的最新进展，包括激光辐照导致的碎片轨道变化仿真，未来清除大、小碎片所需的激光清除系统方案等。该方案提出两种激光清除方案设想，到靶激光能量密度均为 7.5J/cm^2，大于 10ns 标准方案中的激光能量密度，激光脉宽分别为 5ns 和 10ns，与 10ns 标准方案相比，清除 1～10cm 空间碎片的激光脉宽更短。远场光斑直径均大于空间碎片尺寸，即辐照激光光束能够完全覆盖碎片大小。他们同时认为激光清除在轨碎片(laser orbital debris removal，LODR)是目前最有希望解决空间碎片问题的方法，LODR 的示意图[89]如图 1.18 所示。

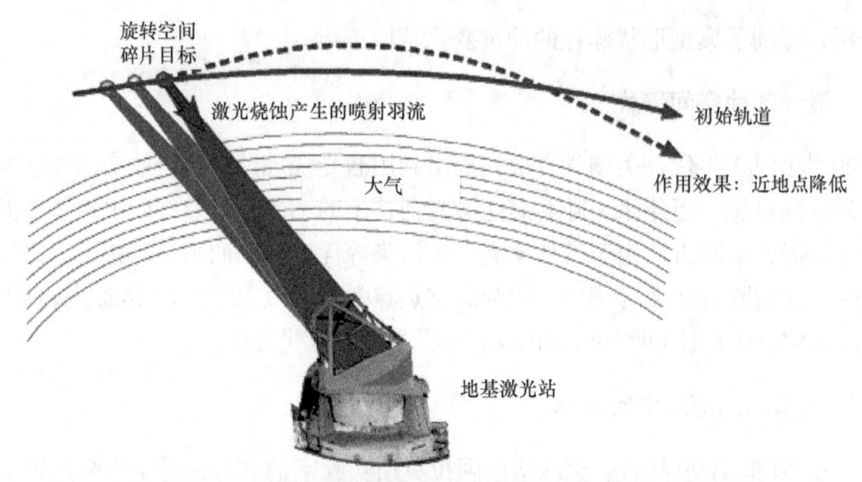

图 1.17　早期 ORION 计划中清除空间碎片原理图示[94]

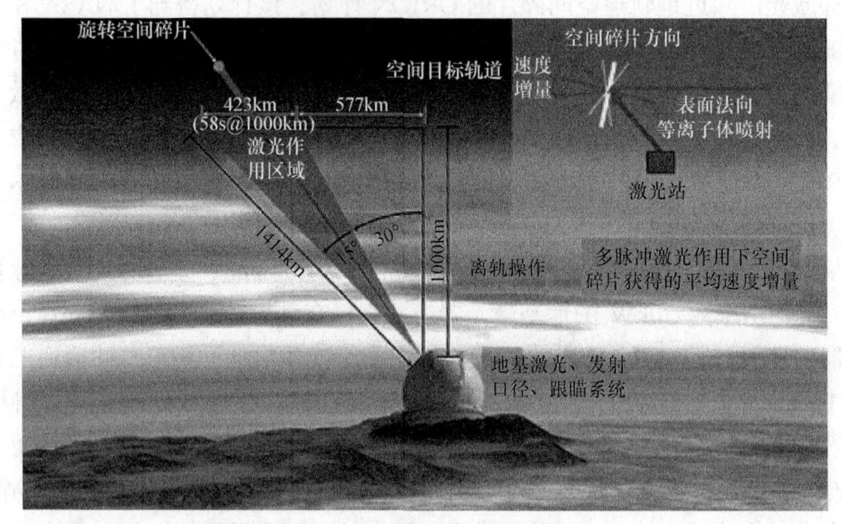

图 1.18　LODR 的示意图[89]

2. 天基激光清除空间碎片

地基激光清除空间碎片技术得到美国等发达国家重视的同时，也有学者提出了基于天基激光的空间碎片清除技术。早在 1989 年，Metzger 等[96]就提出了天基激光清除空间碎片的构想，将激光装置安装在核动力的宇宙飞行器或卫星上，利用单脉冲激光能量为 10kJ、重频为 1Hz、波长为 248nm 的氟化氪激光清除空间碎片。

德国宇航研究中心的 Schall[25]也开展了相应研究，对碎片及激光器运行轨道、激光器参数、激光光束传播、碎片材料及质量、碎片环境等多方面进行了分析，并对天基激光站系统参数进行了初步设计，通过平均功率 100kW、脉宽 100ns、重频 100Hz 的激光器提供 115m/s 的速度增量，可以清除 500km 轨道高度、100g

量级的空间碎片。

Phipps[97]也设计了用于清除空间碎片的天基平台，平台轨道参数如表 1.2 所示，采用极轨的好处是可以覆盖轨道高度 h=(760±200)km 内的所有空间碎片。系统如图 1.19 所示，采用两种望远镜，一种用于日间光学观测(大视场)，另一种用于跟踪定位和清除碎片(视场角为 0.34°)，其中激光器用于跟踪定位空间碎片时单脉冲能量为 1J，用于清除碎片时单脉冲能量为 3kJ。

表 1.2 天基平台轨道参数

参数	取值
偏心率 e	0.028
轨道倾角 i	90°
近地点幅角 ω	−180°
远地点 h_a	960km
近地点 h_p	560km

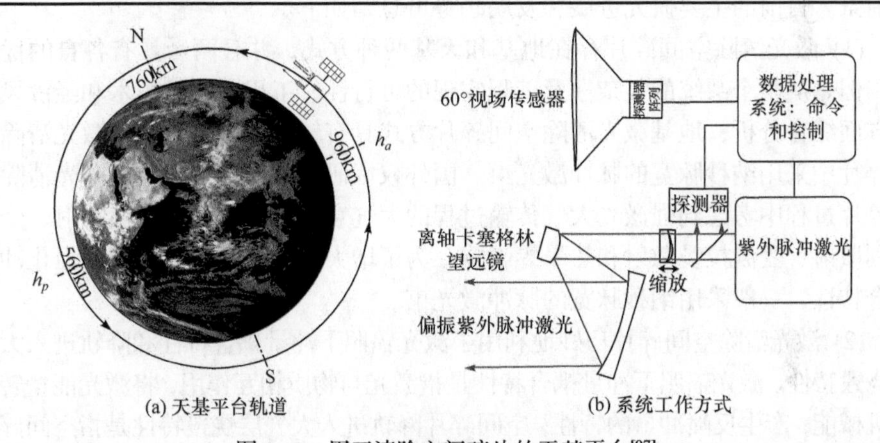

(a) 天基平台轨道　(b) 系统工作方式

图 1.19 用于清除空间碎片的天基平台[97]

法国 Quinn 等[98,99]设计了用于清除国际空间站周边碎片的天基平台，如图 1.20 所示。采用光学相机探测与高能激光清除结合的方式，方案包括两部分：EUSO 望远镜与 CAN 激光系统，其中，EUSO 望远镜用于碎片的粗定位，CAN 激光系统用于碎片的精定位和清除。在该系统中，有三个需要解决的问题：①光斑直径取决于光束质量和激光波长，在设计时需选择合适的数值；②考虑到碎片的速度大于 10km/s，反应时间必须小于 10s，因此要求激光器有高的平均功率和频率；③对装置的热消散、精巧性和稳定性等要求较高。

3. 研究分析

自 20 世纪 90 年代，美国等国相继开展了激光清除空间碎片的研究工作，对

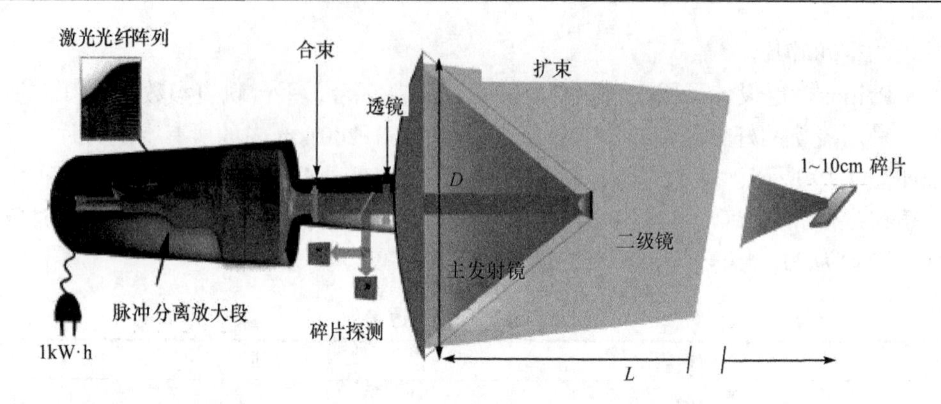

图 1.20 激光光纤阵列与发射装置[98]

激光清除空间碎片的概念和原理、系统组成和设计、风险评估等进行了系统和详细的论证，认为激光清除空间碎片是清除厘米级空间碎片的有效途径，最具有应用前景。目前的主要研究进展和发展趋势可总结如下。

(1) 激光清除空间碎片存在地基和天基两种方式，并且两者具有各自的优缺点，但是从整个系统的复杂性及工程实现的可行性、工程实现的技术和经济风险等方面综合分析，地基激光清除空间碎片方式具有较大的优势。地基激光清除空间碎片中采用纳秒脉宽的脉冲激光束。国外权威研究工作表明，地基激光清除空间碎片过程中考虑到强激光大气传输过程的大气衰减、湍流、非线性折射、受激瑞利散射、受激拉曼散射和热晕等影响，为了增大远场激光功率密度，强化冲量耦合特性，一般采用纳秒脉宽的脉冲激光束。

(2) 激光清除空间碎片巧妙地利用了激光辐照下冲量耦合特性和降轨进入大气层烧毁特性。激光辐照下冲量耦合特性是指激光与物质相互作用，将激光能量转化为机械能，产生反喷冲量的特性；空间碎片降轨进入大气层烧毁特性是指空间碎片在反喷冲量造成的速度增量作用下，减速降轨进入大气层，在气动加热作用下烧毁的特性。激光清除空间碎片的核心问题是冲量耦合特性和激光辐照降轨进入大气层烧毁特性的研究。激光清除空间碎片技术是激光技术和推进技术的交叉和融合，应用在航天领域的空间碎片清除中必然涉及多学科的众多问题，核心问题是：①如何使得空间碎片获得冲量，即冲量耦合特性问题；②如何使得空间碎片减速降轨进入大气层烧毁，即激光辐照空间碎片轨道变化特性问题。

1.3 本书主要内容

本书从激光清除空间碎片这一应用背景出发，采用实验研究与理论分析相结合的方法，详细讨论纳秒激光烧蚀冲量耦合规律，在基于激光烧蚀冲量耦合的空间碎片清除应用方面，对激光辐照下不规则空间碎片冲量矢量特性问题进行了阐述和讨论，系统地介绍地基激光清除空间碎片过程的仿真建模研究，为激光清除空间碎片这一技术的发展提供实验参考与理论依据。全书共分6章。

第1章为绪论。主要阐述空间碎片危害、激光清除空间碎片方法，以及激光烧蚀冲量耦合、激光清除空间碎片的研究发展过程等。

第2章介绍纳秒脉冲激光烧蚀冲量耦合效应分析涉及的实验测量方法，包括高时空分辨的纳秒脉冲激光烧蚀等离子体羽流流场测量和微冲量测量。针对脉冲激光辐照下碎片等离子体羽流自发光强、时间尺度短、流场尺寸小等问题，基于高速阴影成像法，通过合理光路设计，采用纳秒时间曝光及实验系统精确时序控制，实现高时空分辨等离子体羽流测量；针对纳秒脉冲激光瞬间作用产生的力学效应测量问题，通过高刚度枢轴、电磁阻尼补偿、扭摆框架式结构设计等，解决瞬间作用下微小冲量的高精度测量技术难题。

第3章基于建立的高时空分辨羽流测量系统，介绍纳秒脉冲激光烧蚀羽流喷射特性。在介绍激光能量测量和烧蚀光斑尺寸测量基础上，讨论典型平面铝靶激光烧蚀等离子体羽流喷射特性，包括烧蚀光斑尺寸影响、激光入射角度影响，在此基础上,介绍羽流喷射特性对冲量耦合的影响机制;针对空间碎片的不规则性，介绍楔形和球体两种典型形状碎片的等离子体羽流喷射特性，进一步阐述纳秒脉冲激光烧蚀冲量的作用方向及作用时间规律。

第4章基于建立的高精度微冲量测量系统，介绍纳秒脉冲激光烧蚀微冲量特性。首先，介绍激光正入射即激光垂直靶面辐照下的微冲量特性，包括激光小光斑辐照与大光斑入射下的微冲量特性及两者之间的异同；其次，针对激光清除空间碎片中的激光入射方向问题，阐述激光斜入射下微冲量测量方法及冲量耦合特性；最后，介绍激光波长对冲量特性的影响。

第5章介绍典型形状空间碎片纳秒脉冲激光辐照冲量矢量特性。首先，介绍激光辐照微元面积冲量矢量计算基本模型，基于曲面积分方法，得到典型形状碎片激光辐照冲量计算方法；其次，通过理论分析得到激光大光斑辐照典型形状空间碎片冲量特性，并与实验结果进行对比，验证模型合理性；最后，针对激光全辐照碎片情况，计算典型球体、圆柱体、长方体、半球体等形状的冲量特性。

第6章介绍地基激光辐照清除空间碎片轨道变化特性。首先，在仅考虑空间碎片质心运动条件下，建立激光辐照碎片变轨模型，并仿真分析激光器与碎片轨道共面情况下的降轨过程；其次，针对不规则空间碎片自旋情况，介绍一种随机模拟方法，用于空间碎片激光辐照效应的随机分析，解决不规则空间碎片旋转条件下激光清除过程的仿真分析难题，从而提出一套完整的地基激光清除空间碎片仿真计算方法，为空间碎片清除方案设计与效果评估提供依据。

第 2 章　纳秒脉冲激光烧蚀冲量耦合特性实验方法

激光辐照靶材，导致靶温升高，当靶面温度超过靶材的气化温度时，靶面发生气化现象，烧蚀产生的靶蒸气会进一步吸收入射激光能量，靶蒸气电离成高温高压的等离子体羽流，高温高压等离子体迅速膨胀和扩散，在靶面产生压力，对靶材传递冲量。

本章针对脉冲激光辐照下碎片等离子体羽流自发光强、时间尺度短、流场尺寸小等问题，基于高速阴影成像法，搭建并实现高时空分辨等离子体羽流测量系统。针对纳秒脉冲激光瞬间作用产生的力学效应测量问题，基于经典扭摆式微冲量测量系统，解决瞬间作用下微小冲量的高精度测量难题。

2.1　脉冲激光烧蚀羽流喷射测量系统

激光辐照空间碎片靶面，随着入射激光功率密度增大，空间碎片表面物质熔融、气化、离化，形成等离子体羽流，等离子体羽流的超高速反喷使得碎片获得反冲冲量，并且随着入射激光功率密度的进一步增大，等离子体羽流离化程度加强，对后续入射激光产生屏蔽作用。等离子体反喷羽流反映了冲量耦合形成机理，包括冲量方向和作用时间规律。纳秒脉冲激光辐照典型碎片材料形成的流场具有自发光强、等离子体高速膨胀、时间尺度短、典型流场视场小、分辨率需求高等特点[100]，以上特征给羽流流场瞬时诊断带来较大难度。针对上述问题，利用高速阴影成像法，通过合理设计光路、纳秒时间曝光及激光器与相机的精确控制时序，实现纳秒级时间分辨率、百微米级空间分辨率精确流场诊断。

2.1.1　高速阴影成像法

高速阴影成像法是指拍摄流场受到光线照射后所形成的投影图像，当光线(平行光或者聚焦光)通过流场时，流场中不同位置的密度不同导致折射率发生变化，引起穿过流场光线的偏折。在成像屏幕上，偏折光线到达的区域形成亮区，而未有光线到达的区域形成暗区(阴影)，从而在屏幕上呈现出光强的变化[101,102]，如图 2.1 所示。

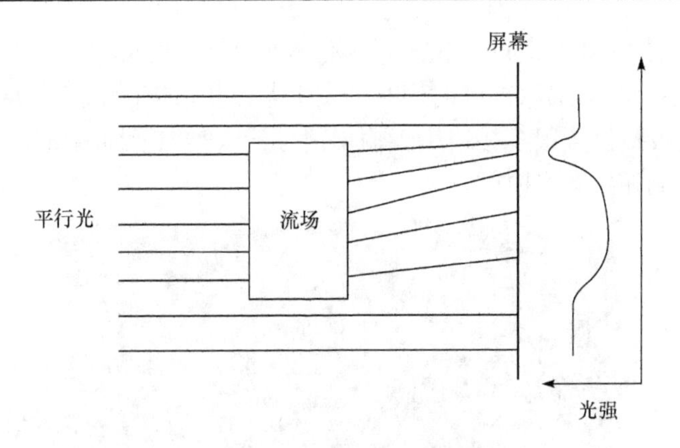

图 2.1　高速成像法示意图

2.1.2　实验系统设计

阴影系统主要的实验装置包括高速相机、采集终端、光电探测器、时序控制系统、激光器、光学透镜、探测光源、示波器和附加的光学器件。系统的光路由高速相机、光学透镜组、探测光源组成，探测光源发出的光经过光学透镜形成平行光，穿过流场区的平行光通过光学透镜将流场瞬态图像呈现在高速相机的传感器芯片上，从而得到流场的瞬态图，系统的布局如图 2.2 所示。

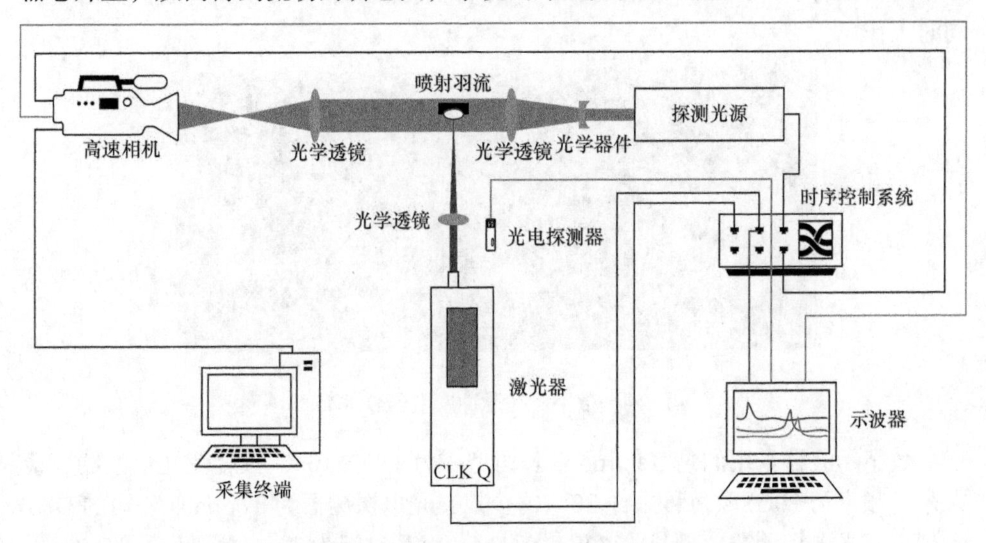

图 2.2　高时空分辨羽流特性观测系统原理图

如图 2.3 所示，增强电荷耦合器件(intensified charge-coupled device，ICCD)相机为 Princeton Instruments 公司的 PI-MAX3:1024i，能提供从紫外到近红外波段最高的灵敏度，采用光纤耦合到电荷耦合器件(charge-coupled device，CCD)，最大程

度减少光损耗，最短曝光时间为 3ns，最大像素尺寸为 12.8μm×12.8μm。PI-MAX3：1024i 内置 SuperSYNCHROTM 时序脉冲发生器，同时具有外触发功能。PI-MAX3：1024i 后置面板提供了很多接口用于输出信号，以实现精细测量。通过配套软件 Winview32 控制相机曝光时间。

图 2.3　ICCD 相机

信号发生器采用的是八通道数字延时脉冲发生器 DG645，如图 2.4 所示，分辨率为 5ps，每个通道之间的抖动小于 25ps。DG645 前面板有 5 个 BNC 输出端口，后面板有 9 个 BNC 输出端口，并且前面板输出端口可以和后面板输出端口同时工作。

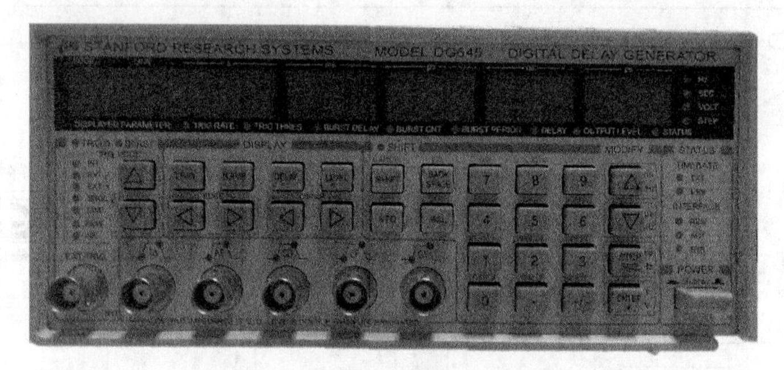

图 2.4　数字延时脉冲发生器 DG645

数字示波器采用的是 Tektronix 公司型号为 DPO7104C 数字荧光示波器，最大采样频率为 20GS/s(每秒采样 20×10^9 个点)，光电探测器为 Thorlabs 公司的 DET 系列硅基光电探测器，型号为 DET10A/M，上升时间为 1ns，测量波长为 200～1100nm。

2.1.3　同步与时序控制

由于激光器出光存在一定延迟，因此采用光电探测器测量输出的激光器出光延时。图 2.5 是激光器工作电压为 550V 时的出光延时(通道 1)和激光脉宽(通道 3)测量结果，测量次数为 100 次，出光延时均值为 1026.5ns，极差为 9ns。

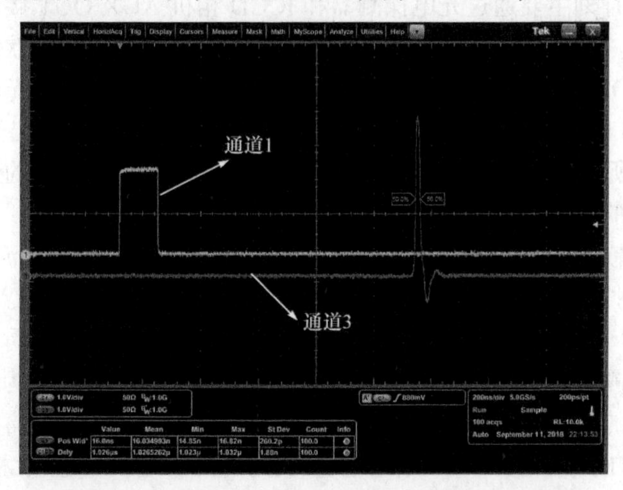

图 2.5　激光器出光延时和激光脉宽测量结果图

实验时设定好 ICCD 相机曝光时间，然后开始对 ICCD 相机触发延时测定，从 DG645 输出两路延时相同的信号，一路信号接到示波器的一个通道，另一路信号接到 ICCD 相机外触发接口，再用两个 BNC 电缆将高速相机 AUX OUT 接口和相机 MONITOR 接口输出信号分别连接示波器其他通道。图 2.6 是触发电压为 1.5V 时的测量结果——通道 1 和通道 3 的延时，即示波器显示的外触发信号和 MONITOR 接口之间延时为 47.48ns，通道 4 为 AUX OUT 接口输出信号，它与通道 3 信号之间的延时稳定，可以作为拍摄等离子体羽流延时的参考。

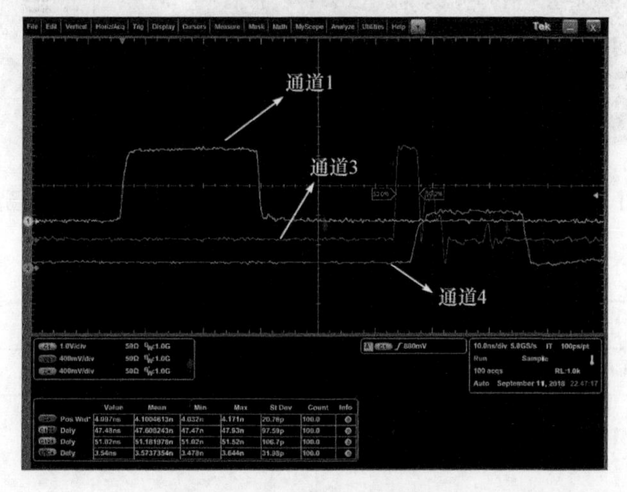

图 2.6　相机拍摄延时测量结果

2.1.4 流场标定

羽流所处时刻主要通过光电探测器和ICCD相机AUX OUT接口输出信号之间的延时确定。光电探测器放在激光器出光附近，通过相机配套软件Winview32设定好AUX OUT接口延时，选择两根延时相同的BNC电缆将光电探测信号和AUX OUT接口信号分别接到示波器通道1和通道4。以激光器出光时间为0时刻，如图2.7所示，通道1和通道4的延时为即相机拍摄到羽流的延时，此时相机拍摄到羽流的所处时刻为27.03ns。

由于羽流流场图像相对于真实流场尺寸处于放大状态，为确定羽流的实际尺寸，需要对流场尺寸进行标定，采用USAF 1951分辨率板测试卡进行标定。将USAF 1951分辨率板测试卡放置在激光聚焦平面，利用探测光照亮流场，相机记录流场内USAF 1951分辨率板测试卡的刻度图像，如图2.8所示。横行对应的2、3为组(实线方框所示)，竖列对应的2、3、4、5、6为元素(虚线方框所示)，选择图像中清晰的组元，测量其线宽对应的像素，查表2.1得到其实际线宽，实际线宽与对应像素之比即为每个像素对应的空间尺度，从空间尺度标定结果可以看出，组2中元素2～6均可清晰成像，实验中选择组2的元素6作为空间尺度标定参考。

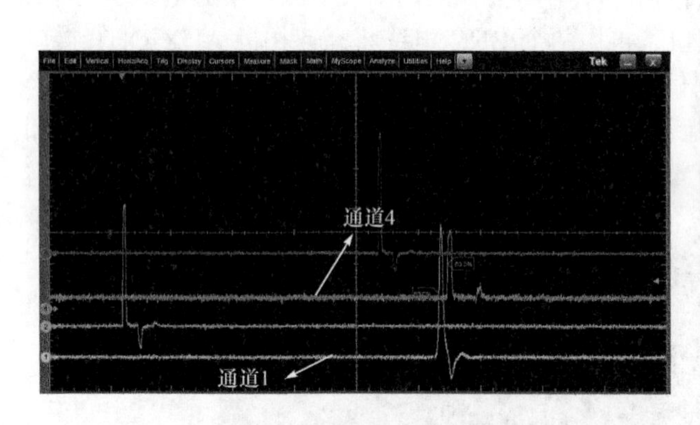

图2.7 羽流所处时刻测量结果

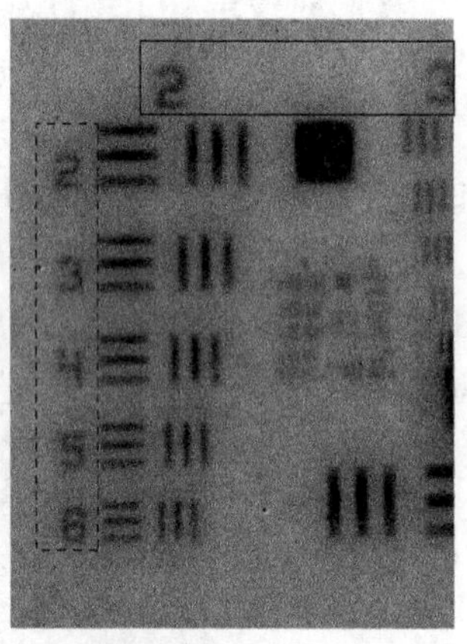

图2.8 流场尺寸标定图

表2.1 USAF 1951分辨率板测试卡表

类别	线宽/μm			
	组2	组3	组4	组5
元素1	125.00	62.50	31.25	16.63
元素2	111.36	55.68	27.84	13.92
元素3	99.21	49.61	24.80	12.40

续表

类别	线宽/μm			
	组 2	组 3	组 4	组 5
元素 4	88.39	44.19	22.10	11.05
元素 5	78.75	39.37	19.69	9.84
元素 6	70.15	35.08	17.54	8.77

2.2　脉冲激光烧蚀微冲量测量系统

本节首先介绍基于扭摆法的微冲量测量原理；其次介绍基于扭摆结构的微冲量测量装置，并对测量系统的系统参数进行标定；最后搭建用于脉冲激光烧蚀微冲量测量的实验系统。

2.2.1　基于扭摆法的微冲量测量原理

扭摆微冲量测量系统由振动装置、阻尼装置、位移测量装置组成[103-105]。振动装置主要由横梁、枢轴、配重块、竖梁和基座组成，其中，最关键的组件是枢轴，枢轴提供横梁摆动的回复力，使横梁能在平衡位置往复摆动。用于微冲量测量的扭摆框架式结构示意图如图 2.9 所示。

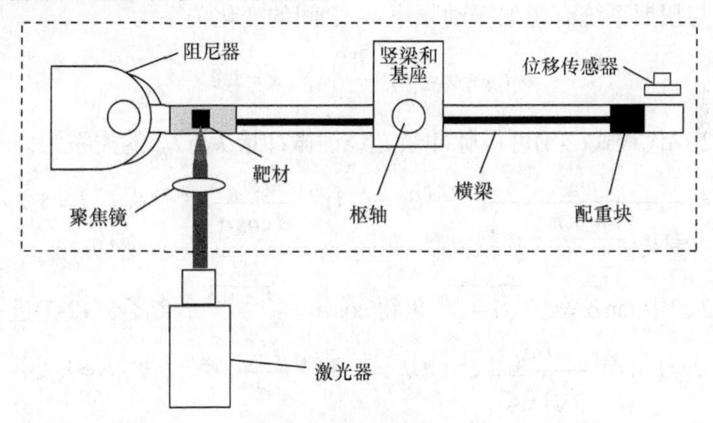

图 2.9　用于微冲量测量的扭摆框架式结构示意图

当纳秒脉冲激光与扭摆横梁上的靶材相互作用产生冲量时，在弹性元件枢轴的作用下，扭摆横梁会产生往复振动，扭摆系统的有阻尼自由振动方程为

$$J\ddot{\theta} + c\dot{\theta} + k\theta = f(t)d \tag{2-1}$$

式中，θ 为横梁的扭转角；J 为扭摆系统的转动惯量；c 为扭摆系统的阻尼系数；

k 为扭转刚度系数；$f(t)$为外力；d 为外力的作用力臂。在外加力矩 $f(t)d\left(0 \leqslant t \leqslant T_0\right)$ 作用下(T_0 为作用时间)，式(2-1)可简化为

$$\ddot{\theta}+2\zeta\omega_n\dot{\theta}+\omega_n^2\theta=\frac{f(t)d}{J}, \quad 0\leqslant t\leqslant T_0 \tag{2-2}$$

式中，ζ 为扭摆系统的阻尼比；ω_n 为固有频率。因此，推力作用下的系统响应为

$$\theta(t)=\frac{d}{J\omega_d}\int_0^t f(t-\tau)\mathrm{e}^{-\zeta\omega_n t}\sin(\omega_d\tau)\mathrm{d}\tau \tag{2-3}$$

若推力作用时间 T_0 很小，则认为推力瞬间作用，推力表示为 $f(\tau)=I\delta(t)$，因此冲量 I 作用下的系统响应为

$$\theta(t)=\frac{Id}{J\omega_d}\mathrm{e}^{-\zeta\omega_n t}\sin(\omega_d t) \tag{2-4}$$

式中，$\omega_d=\sqrt{1-\zeta^2}\omega_n$ 为系统在往复振动中的有阻尼振动频率。可以看出，系统响应呈正弦波形式，对周期性出现的正弦波取极值点，即 $\mathrm{d}\theta/\mathrm{d}t=0$，可得

$$\begin{aligned}\frac{\mathrm{d}\theta(t)}{\mathrm{d}t}&=\frac{Id}{J\omega_d}[\mathrm{e}^{-\zeta\omega_n t}(-\zeta\omega_n)\sin(\omega_d t)+\omega_d\mathrm{e}^{-\zeta\omega_n t}\cos(\omega_d t)]\\&=\frac{Id\omega_n}{J\omega_d}\mathrm{e}^{-\zeta\omega_n t}\cos(\omega_d t+\alpha), \quad \alpha=\arctan\frac{\zeta}{\sqrt{1-\zeta^2}}\end{aligned} \tag{2-5}$$

由式(2-5)可得，扭摆系统在周期性往复运动中，达到系统响应的正弦波极值点时刻 $t_{\theta k}$ 与扭摆系统有阻尼振动频率 ω_d 之间的变化关系为

$$\omega_d t_{\theta k}+\alpha=\left(k-\frac{1}{2}\right)\pi, \quad k=1,2,\cdots \tag{2-6}$$

将式(2-6)代入式(2-4)可得脉冲激光烧蚀微冲量 I 与 $t_{\theta k}$ 的关系为

$$I=\frac{J\omega_d}{d\sin\left(\frac{k\pi}{2}-\frac{\pi}{2}-\alpha\right)}\mathrm{e}^{\zeta\omega_n t_{\theta k}}\theta_k=(-1)^{k+1}\frac{J\omega_d}{d\cos\alpha}\mathrm{e}^{\zeta\omega_n t_{\theta k}}\theta_k, \quad k=1,2,\cdots \tag{2-7}$$

由式(2-5)中 $\tan\alpha=\zeta/\sqrt{1-\zeta^2}$ 可得 $\cos\alpha=\sqrt{1-\zeta^2}$，结合式(2-7)进一步得到

$$I=(-1)^{k+1}\frac{J\omega_d}{d\sqrt{1-\zeta^2}}\mathrm{e}^{\zeta\omega_n t_{\theta k}}\theta_k=(-1)^{k+1}\frac{J\omega_n}{d}\mathrm{e}^{\zeta\omega_n t_{\theta k}}\theta_k, \quad k=1,2,\cdots \tag{2-8}$$

当脉冲激光作用产生瞬间冲量时，扭摆系统开始做往复运动，当扭摆横梁由平衡位置开始运动到第一次极值扭转角 $\theta_{\max}$ 时，可由式(2-9)计算微冲量 I：

$$I=\frac{J\omega_n}{d}\exp\left(\frac{\zeta}{\sqrt{1-\zeta^2}}\arctan\frac{\sqrt{1-\zeta^2}}{\zeta}\right)\theta_{\max} \tag{2-9}$$

由于扭摆微冲量测量系统横梁往复振动的角度较小，因此可以近似得到

$$\theta_{\max} \approx \sin\theta_{\max} \approx \frac{L}{d'} \tag{2-10}$$

式中，L 为扭摆系统振动横梁上测量臂 d' 往复运动中的最大摆动线位移，该线位移可高精度地由位移传感器测量得到，则冲量 I 表达式可进一步表示为

$$I = \frac{J\omega_n}{dd'}\exp\left(\frac{\zeta}{\sqrt{1-\zeta^2}}\arctan\frac{\sqrt{1-\zeta^2}}{\zeta}\right)L \tag{2-11}$$

式中，系统参数测量臂 d'、激光烧蚀作用力臂 d 可直接进行测量；有阻尼振动频率 ω_n、阻尼比 ζ 和振动横梁转动惯量 J 可通过测量系统现场实验标定得到。在利用扭摆系统测量微冲量时，首先标定出扭摆系统的系统参数，即阻尼比 ζ、振动频率 ω_d 和振动横梁转动惯量 J 等参数；然后利用位移传感器测量出在脉冲激光作用后扭摆系统的系统响应；最后选取第一个极值点，即测量臂摆动的最大线位移，代入式(2-11)即可求得微冲量大小。

2.2.2　基于扭摆结构的微冲量测量装置

1. 扭摆振动装置

扭摆振动装置主要用于将激光与靶材相互作用产生的冲量转变为扭摆测量系统的扭转角响应 $\theta(t)$。基于经典扭摆结构，建立扭摆框架式振动装置。如图 2.10 所示，扭摆振动结构呈对称设计，横梁两端为两个正方形薄片，在其中一端的薄片处设置阻尼器，阻尼器的作用是通过涡电流产生磁场，当方形薄片随扭摆横梁振动时，切割磁感线产生电磁力，与运动方向相反，从而使横梁振动能够迅速稳定。脉冲激光辐照靶材示意图如图 2.11 所示。

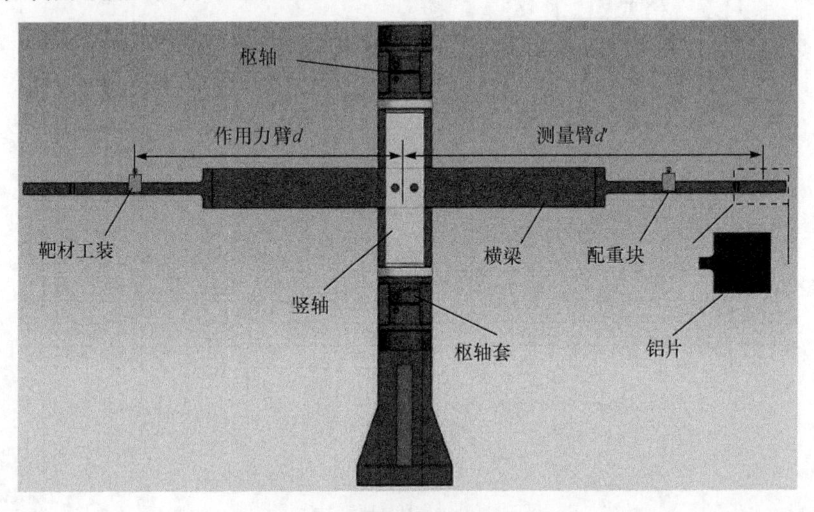

图 2.10　扭摆微冲量测量振动装置

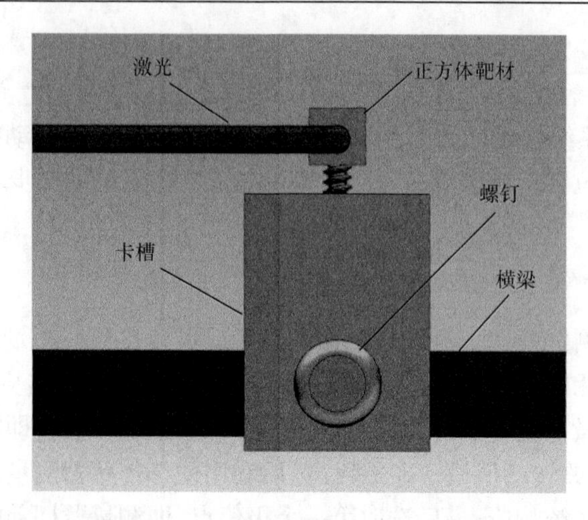

图 2.11　脉冲激光辐照靶材示意图

实验中加工的靶材尺寸在毫米量级,尺寸较小,将靶材与螺纹杆一体化加工。螺纹杆用于与靶材工装刚性连接，靶材工装则通过螺钉固定在扭摆横梁上。靶材与工装设计图如图 2.12 所示，实物图如图 2.13 所示。

根据典型尺寸，扭摆振动装置横梁长度为 400mm，测量臂 d' 为 187.5mm，扭摆系统转动惯量 J 为 $6.7\times10^{-4}\text{kg}\cdot\text{m}^2$。由于纳秒脉冲激光的脉宽很短，峰值功率密度极高，一般来说脉冲激光烧蚀金属铝的力的作用时间 $T_0<10^{-7}\text{s}$ [106-108]。根据扭摆系统测量微冲量的原理，在力的作用时间 T_0 远小于测量系统振动周期 T 的条件下，脉冲激光烧蚀产生的作用力满足力的瞬间作用模型，可用于微冲量测量。

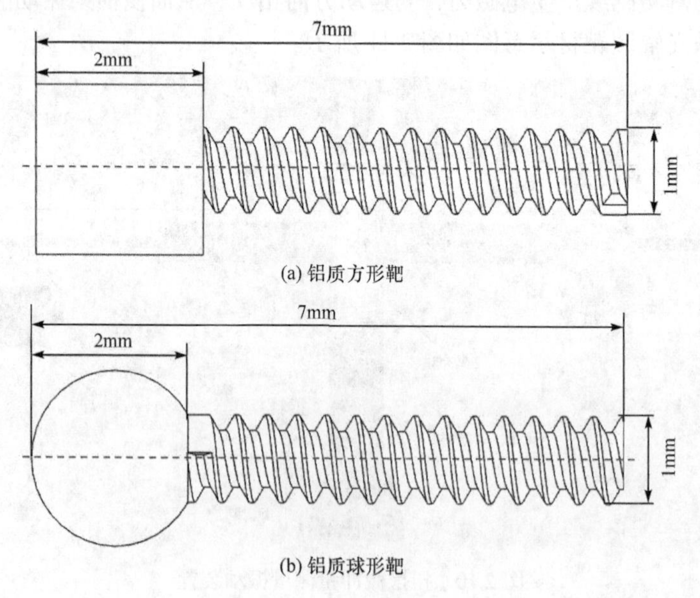

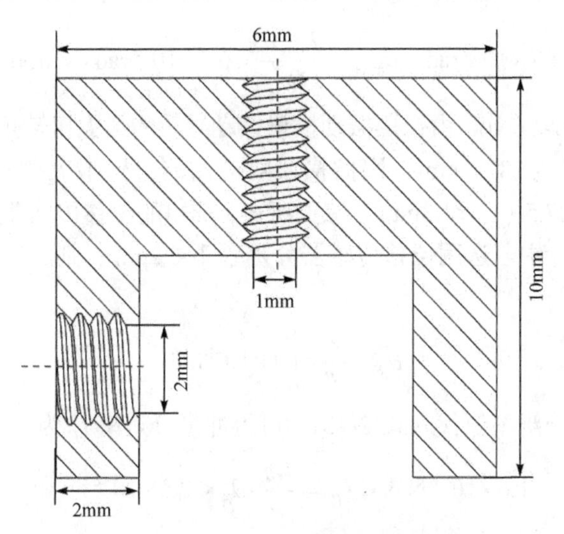

(c) 用于靶材与横梁固定的连接工装

图 2.12　靶材与工装设计图

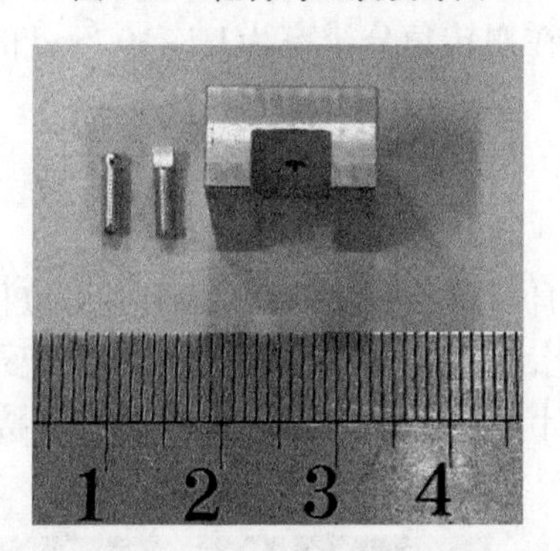

图 2.13　靶材与工装实物图

在忽略扭摆系统阻尼比的条件下，选取振动横梁上枢轴的刚度系数为 0.009N · m/rad，因此扭摆振动装置有阻尼振动频率 ω_d 和周期 T 分别为

$$\omega_d \approx \omega_n = \sqrt{\frac{k}{J}} = 3.67\text{rad/s}, \quad T = \frac{2\pi}{\omega_d} \approx 2\pi\sqrt{\frac{J}{k}} = 1.71\text{s} >> T_0 \tag{2-12}$$

根据真空环境下脉冲激光烧蚀金属的典型实验数据[109,110]，激光烧蚀微冲量最大值可取 $I_{\max} = 1\times10^{-4}\text{N}\cdot\text{s}$，在忽略阻尼比的情况下，式(2-9)可写为

$$I = \frac{J\omega_n}{d}\theta_{\max} \tag{2-13}$$

根据扭摆横梁长度，将作用力臂 d 的设计范围设定为 0.115～0.165m，并将其代入式(2-13)，可得扭摆横梁振动的最大扭转角 $\theta_{\max}$ 为

$$4.7\times10^{-3}\,\text{rad} < \theta_{\max} = \frac{I_{\max}d}{J\omega_d} < 6.7\times10^{-3}\,\text{rad} << 1\text{rad} \tag{2-14}$$

由式(2-14)可以看出，由扭摆振动横梁摆动导致的最大扭转角较小。设计中将测量臂 d' 长度设为187.5 mm，因此横梁对应的测量臂最大摆动线位移 $D_{\max}$ 为 $0.9\text{mm} < D_{\max} = 187.5\theta_{\max} < 1.3\text{mm}$，综上所述，选用的位移传感器量程要大于最大摆动线位移。设计中若选用位移传感器分辨率 $\lambda=0.2\mu\text{m}$，则测量臂对应的扭转角分辨率为

$$\theta_R = \frac{\lambda}{d'} = 1.1\times10^{-6}\text{rad} \tag{2-15}$$

将该扭转角分辨率值代入式(2-13)，可得冲量分辨率 I_R 为

$$1.6\times10^{-8}\,\text{N}\cdot\text{s} \leqslant I_R = \frac{J\omega_d}{d}\theta_R \leqslant 2.3\times10^{-8}\,\text{N}\cdot\text{s} \tag{2-16}$$

综上分析，基于扭摆结构的微冲量测量系统初步设计结果为：靶材通过螺纹杆固定在工装上，工装通过螺钉固定在扭摆横梁上；扭摆横梁长度为40cm，扭摆系统振动周期 $T\approx1.7\text{s}$，在扭转角分辨率为 $1.1\times10^{-6}\text{rad}$ 的条件下，冲量分辨率为 $10^{-8}\,\text{N}\cdot\text{s}$ 量级。

2. 位移测量装置

位移测量装置主要由位移传感器和控制器组成，位移传感器用于测量横梁上测量臂摆动的线位移变化，控制器连接计算机可用于记录测量点的线位移变化数据。根据位移传感器设计量程，选用高分辨率电容非接触位移传感器，量程为10mm，分辨率为0.2μm，实物照片如图 2.14 所示。

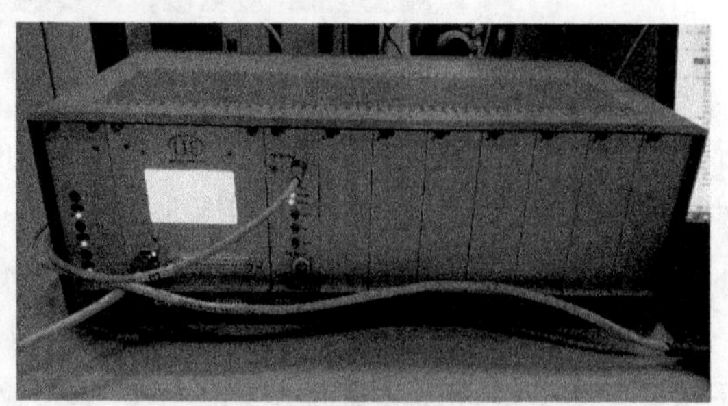

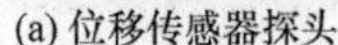

(a) 位移传感器探头　　　　(b) 传感器控制器

图 2.14　高分辨率电容非接触位移传感器实物照片

采用与控制器匹配的软件记录横梁上被测位置的线性位移变化，软件记录过程如图 2.15 所示。

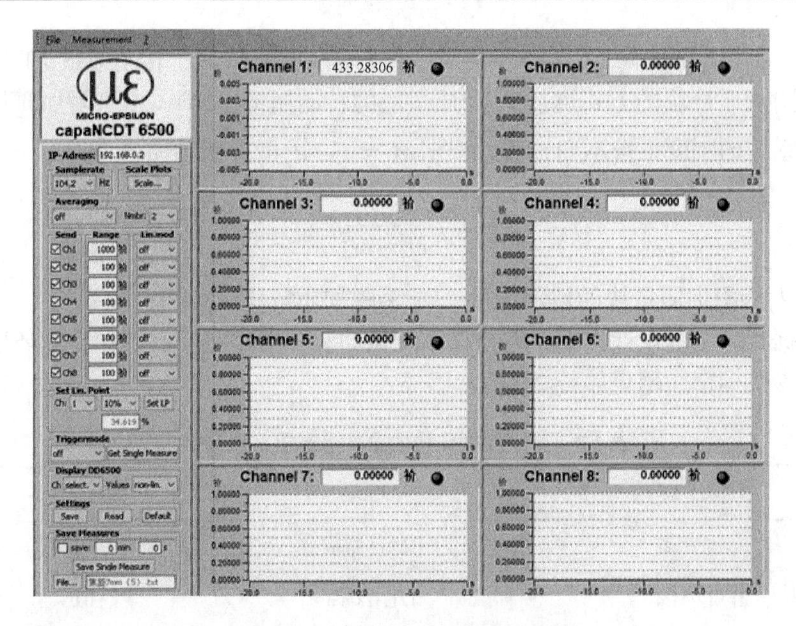

图 2.15　位移传感器控制系统界面

3. 系统参数标定

测量系统使用前必须要对其系统参数进行精确标定，系统参数可直接测量的量有作用力臂和测量臂，需要进一步标定的物理量为固有频率、阻尼比和转动惯量。基于扭摆结构的微冲量测量系统固有频率和阻尼比常用的标定方法是自标定法[109-111]，其根据扭摆转角响应值随时间变化值进行标定。

通过式(2-8)得到阻尼比 ζ 与极值点对应扭转角 θ_k 的关系式为

$$\frac{\zeta}{\sqrt{1-\zeta^2}}=\frac{1}{i\pi}\ln\frac{|\theta_k|}{|\theta_{(k+i)}|},\quad k=1,2,\cdots;i=1,2,\cdots \tag{2-17}$$

进一步得到阻尼比 ζ 的计算公式为

$$\zeta=\frac{\left|\dfrac{1}{i\pi}\ln\dfrac{|\theta_k|}{|\theta_{(k+i)}|}\right|}{\sqrt{1+\left(\dfrac{1}{i\pi}\ln\dfrac{|\theta_k|}{|\theta_{(k+i)}|}\right)^2}},\quad k=1,2,\cdots;i=1,2,\cdots \tag{2-18}$$

根据式(2-6)可得到有阻尼振动频率为

$$\omega_d=\frac{i\pi}{t_{\theta(k+i)}-t_{\theta k}},\quad i=1,2,\cdots \tag{2-19}$$

进一步根据 $\omega_n = \sqrt{1-\zeta^2} / \omega_d$ ，可得到固有振动频率。对于转动惯量J的标定，可通过附加质量块的方式进行测量(质量块的转动惯量已知)，由于附加质量块前后扭摆系统的刚度系统不变，因此根据 $\omega_n = \sqrt{k/J}$ 可得转动惯量 J 为

$$J = \frac{\omega_n'^2 J_0}{\omega_n^2 - \omega_n'^2} \tag{2-20}$$

式中，J_0 为附加质量块的转动惯量；ω_n' 为附加质量块后的固有频率。

根据实验系统设计方案，将扭摆系统振动装置搭建完毕后，在真空环境下进行系统参数标定，结果如表 2.2 所示。

表 2.2　基于扭摆结构的微冲量测量系统参数

系统参数	测量值	相对误差/%
测量臂 d'	187.093mm	0.03
作用力臂 d	121.328mm	0.03
固有频率 ω_n	3.5845rad/s	0.69
阻尼比 ζ	$7.9649 \cdot 10^{-2}$	0.69
转动惯量 J	1.0332×10^{-3}kg · m^2	1.84

由于位移传感器自身的分辨率为 0.2μm，将表 2-2 中的系统参数代入式(2-11)可得扭摆系统的冲量测量分辨率为 3.68×10^{-8}N · s。为使横梁的转角限制在小角度假设范围内，选取最大转角 $\theta_{\max}$=1°，结合式(2-11)可得冲量测量的上限为 6×10^{-4}N · s，选取分辨率数值的 20 倍作为冲量测量的下限值，则冲量测量的范围为 7.3×10^{-7}～6×10^{-4}N · s。根据测量误差的传递关系可得

$$\frac{\sigma_I}{I} = \sqrt{\frac{(\sigma_J)^2}{J^2} + \frac{(\sigma_{\omega_n})^2}{\omega_n^{\ 2}} + \frac{(\sigma_d)^2}{d^2} + \frac{(\sigma_{d'})^2}{d'^2} + \frac{(\sigma_\zeta)^2}{\zeta^2} + \frac{(\sigma_L)^2}{L^2}} \tag{2-21}$$

式中，σ_L 为位移传感器测量得到的环境噪声幅值，数值为 0.088μm，可知冲量测量的下限值 $I_d = 7.3 \times 10^{-7}\text{N} \cdot \text{s}$ 和上限值 $I_u = 6 \times 10^{-4}\text{N} \cdot \text{s}$ ，相对误差为 3.04%和 2.08%，满足相对误差小于 5%的要求。

2.2.3　用于脉冲激光烧蚀微冲量测量的实验系统

实验搭建了激光辐照空间碎片靶材微冲量测量实验系统，该系统由激光器、聚焦透镜、电位仪台、位移传感器、数据采集器、电位移控制台、横梁、真空舱、

可编程电源等组成，测量实验系统布局如图 2.16 所示。

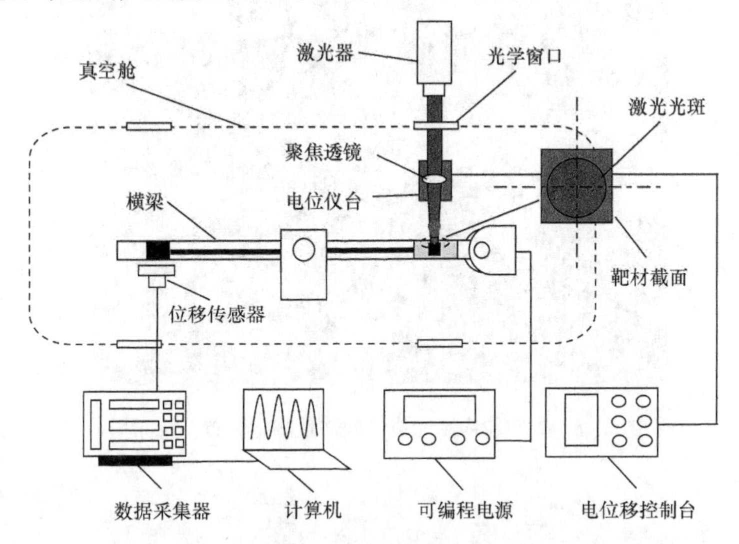

图 2.16　脉冲激光烧蚀微冲量测量实验系统布局

根据设计的实验系统布局图，构建真空环境下脉冲激光烧蚀微冲量测量实验平台，如图 2.17 所示。

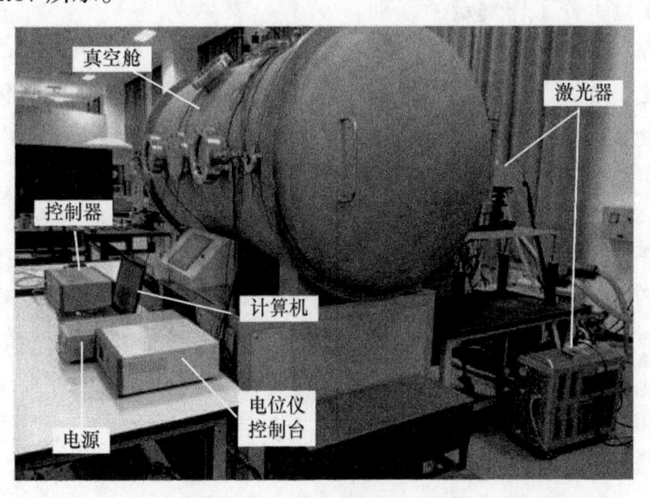

图 2.17　真空环境下脉冲激光烧蚀微冲量测量实验平台

真空舱内系统布局如图 2.18 所示，脉冲激光通过光学窗口入射到扭摆横梁的靶材上，如图中指示线所示。激光光束经光学系统聚焦后烧蚀靶材，产生微冲量，位移测量装置对测量臂对应的扭转角进行测量，并通过控制器采集系统响应数据，根据微冲量测量原理进一步计算激光烧蚀产生的微冲量。

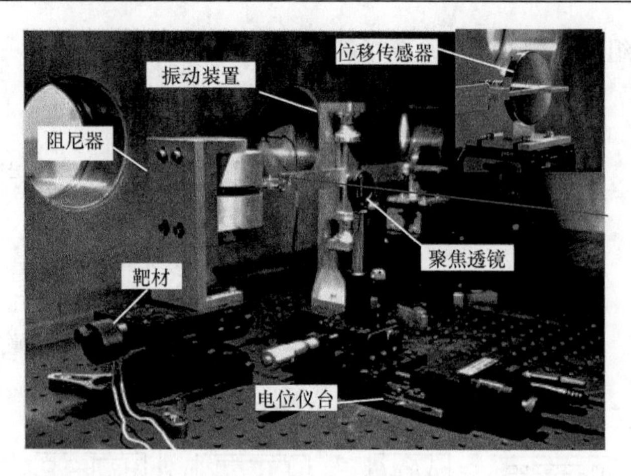

图 2.18　真空舱内激光烧蚀微冲量测量装置系统布局

2.3　小　　结

本章基于高速阴影成像法和扭摆型微冲量测量系统，设计了脉冲激光烧蚀冲量耦合机理实验系统，对测量系统中各分系统进行了设计和分析，搭建了实验平台，为后期实验研究工作奠定了基础。

(1) 基于高速阴影成像法，针对等离子体强自发光、流场尺度小、羽流高速喷射等特点，设计搭建了一套可用于纳秒脉冲激光烧蚀测量的等离子体羽流观测系统，通过实验仪器搭建、同步时序控制、流场标定等，获得了纳秒时间分辨率和百微米空间分辨率的流场测量水平。

(2) 基于典型扭摆构型，设计加工了一种扭摆型微冲量测量系统，分析了扭摆型微冲量测量系统测量微冲量的原理，通过自标定法获得了扭摆型微冲量测量系统参数，给出了微冲量计算方法，该测量装置的测量范围为 7.3×10^{-7}～6×10^{-4}N · s。

(3) 在真空舱内，搭建了脉冲激光烧蚀冲量耦合机理测量实验平台，介绍了实验平台的测量操作方法，为下一步实验研究工作顺利开展奠定了坚实的基础。

第 3 章　纳秒脉冲激光烧蚀羽流喷射特性

高能脉冲激光辐照靶面，无论产生的是靶蒸气还是高度电离的等离子体，其喷射膨胀均施加给靶面反冲冲量，靶获得的反冲冲量大小与方向和激光烧蚀喷射羽流的高速运动密切相关[112]，因此有必要研究脉冲激光烧蚀喷射羽流的时空演化特性。此外，在空间碎片形成过程中，由于航天器爆炸、撞击解体等，空间碎片飞行姿态不断变化，当激光光束辐照碎片表面时，实际光束的光斑尺寸和入射角度均有可能发生变化。因此，在介绍激光烧蚀喷射羽流演化特性的基础上，进一步阐述不同激光光斑尺寸、激光入射角度等条件对脉冲激光烧蚀喷射羽流的影响。本章在基于第 2 章设计的高时空分辨羽流观测系统基础上，以典型空间碎片材料铝为研究对象，详细阐述羽流喷射特性研究；由于采用的纳秒脉冲激光具有极高的峰值功率密度，因此本章主要讨论等离子体喷射羽流的形成与演化过程。

3.1　激光能量与烧蚀光斑测量

3.1.1　激光能量测量

实验采用型号为 Nimma-400 的 Nd：YAG 固体激光器作为烧蚀光源，最大激光能量为 450mJ，波长为 1064nm，脉宽为 8ns。该激光器采用的是电光调 Q 技术，电光晶体在外电场的作用下使入射光的相位发生变化，Q 值降低。在泵浦光的不断激励下，工作物质的反转粒子数累积达到最大值，此时减小电光晶体上的电压，Q 值激增，激光振荡形成，产生雪崩式的激光发射，输出一个窄脉宽、高峰值的光脉冲，激光器实物图如图 3.1 所示。

图 3.1　激光器实物图

输出的激光能量需要在使用前进行标定，采用激光能量计对 Nd：YAG 激光能量进行测量。实验中采用美国 Coherent 公司的 FieldMaxII-TOP 型能量计，最小分辨率为 1nJ，测量范围为 0～300J，最大功率为 300kW。通过 Nimma-400 激光器的控制盒调节工作电压，并利用该能量计多次测量激光器输出的单脉冲激光能量，如表 3.1 所示。

表 3.1　不同工作电压下的激光能量

工作电压/V	最大能量/mJ	最小能量/mJ	平均值/mJ	标准差
500	34.4	31.6	32.9	0.83
510	45.6	41.2	43.6	1.14
520	56.8	51.6	53.6	1.39
530	66.6	62.7	64.9	1.29
540	74.7	72.6	73.8	0.60
550	84.9	81.6	83.0	1.04
560	94	90.8	92.3	1.23
570	101.7	99.4	100.4	0.72
580	108.4	106	107.3	0.67
590	117.2	114.8	115.5	0.74
600	126	123.8	125.0	0.70
610	136.4	131.6	134.0	1.24
620	146.9	141.6	144.1	1.53
630	156	152.8	154.4	0.99
640	165.6	162.4	164.2	0.86
650	176.8	173.2	174.5	1.19
660	187.6	183.2	185.7	1.28
670	199.4	194.4	197.0	1.24
680	208.5	207.1	208.1	0.48
690	222.5	219.7	220.8	1.05
700	234.1	231.7	233.6	0.73

根据表 3.1 中测量结果绘制激光器工作电压与激光能量的关系曲线，如图 3.2 所示，通过分析实验数据得到激光器工作电压 x 与激光能量平均值 y 的线性拟合关系式为

$$y = 0.9653x - 450.1952 \tag{3-1}$$

通过计算得到拟合相关系数为 0.9967，可认为激光器能量与激光器工作电压之间存在很强的线性关系，可以通过调节工作电压获得实验所需的激光能量。

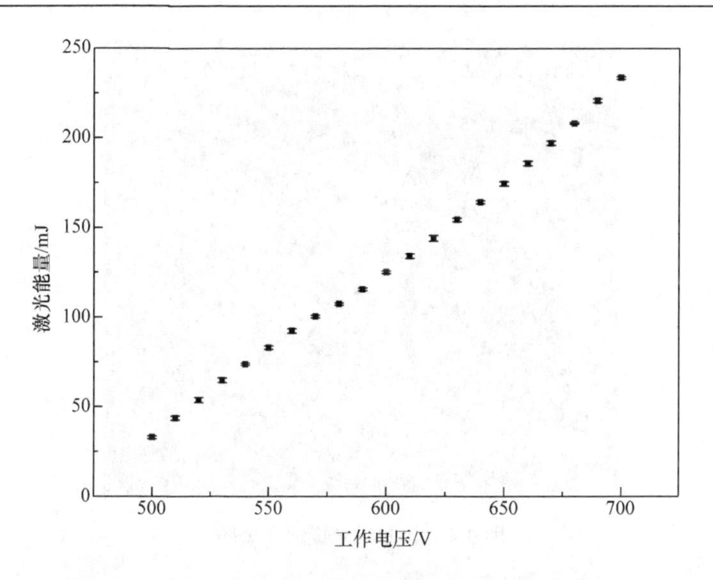

图 3.2　激光器工作电压与激光能量的关系曲线

3.1.2　光斑尺寸测量

为使平面铝靶在脉冲激光作用后产生等离子体羽流，需要对激光光束进行聚焦；为对聚焦光斑尺寸进行精确测量，拟采用激光多次烧蚀平面铝靶，根据平面铝靶辐照面上的微烧蚀坑，利用光学显微镜测量激光烧蚀光斑。选用的光学显微镜型号为高倍光学显微镜 11XB-PC，分辨率为微米量级，通过配套软件可以精确测量光斑尺寸和面积，实物图如图 3.3 所示。图 3.4 为脉冲激光聚焦后烧蚀铝靶的图像，通过配套软件测量得到其半径为 406.23μm。

图 3.3　高倍光学显微镜实物图

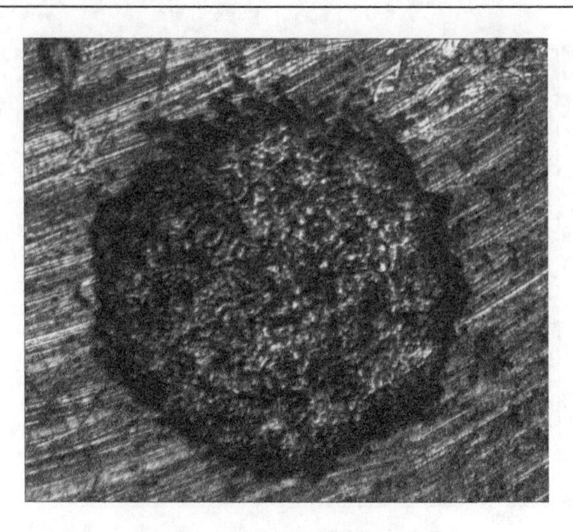

图 3.4 脉冲激光烧蚀光斑图

当激光器工作电压不变时，调节聚焦透镜与靶材间距，可以改变激光光斑大小，实现入射激光功率密度的调整，也可以固定聚焦透镜与靶材间距，调节激光器工作电压，改变入射激光功率密度。

3.2 典型平面铝靶脉冲激光烧蚀等离子体羽流喷射特性

为分析激光光斑尺寸对激光烧蚀平面靶材冲量耦合过程的影响，在相同实验条件下，基于羽流观测系统，实验获得了不同激光烧蚀光斑尺寸和不同激光入射角度下的等离子体羽流演化过程。

3.2.1 激光烧蚀光斑尺寸对等离子体羽流特性的影响

当激光能量、波长、脉宽、环境气压相同时，实验获得了三种激光烧蚀光斑尺寸下平面铝靶等离子体羽流图像，通过对该图像进行处理，获得了不同时刻等离子体羽流发光前沿位置，并计算了羽流速度和压强。

在激光烧蚀光斑直径为 0.8mm、激光脉宽为 8ns、激光能量为 225.5mJ(激光功率密度为 5.60809×10^9W/cm^2)、真空舱气压抽至 20Pa、ICCD 相机曝光时间为 3ns 条件下，实验获得了脉冲激光烧蚀平面铝靶的等离子体羽流演化过程，如图 3.5 所示。

编写程序提取实验获得的灰度图像中等离子体羽流边界，脉冲激光烧蚀等离子体羽流在 20ns 时刻的羽流图像如图 3.6(a)所示，等离子体羽流边界处理后结果如图 3.6(b)所示。

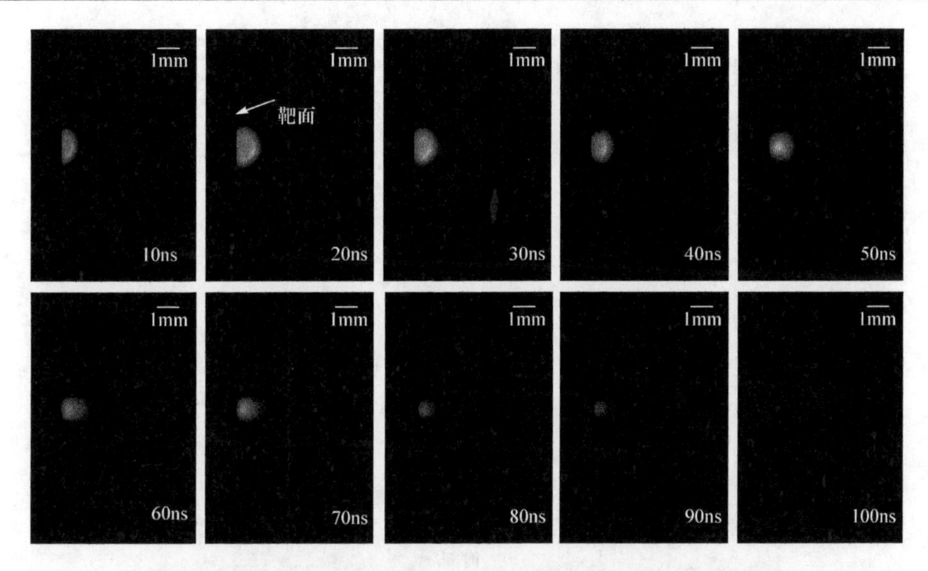

图 3.5　激光烧蚀光斑直径为 0.8mm 时等离子体羽流演化过程

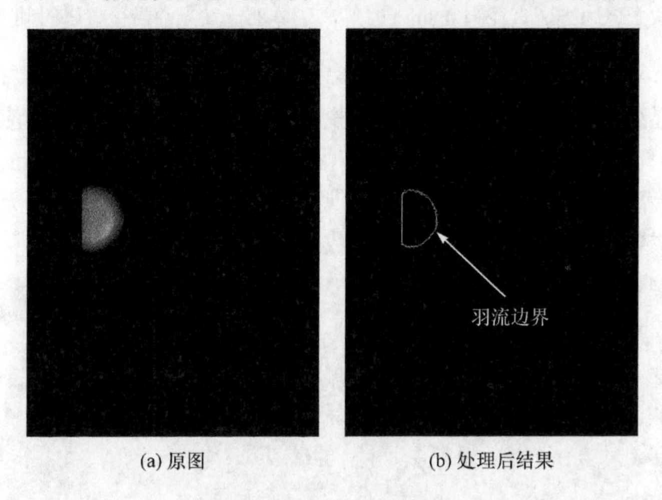

(a) 原图　(b) 处理后结果

图 3.6　羽流边界提取结果

根据实验中获得的各个时刻对应的等离子体羽流发光前沿像素坐标，按第 2 章给出的羽流流场空间尺度标定方法，得到对应的流场空间尺寸，得到靶面轴向发光前沿位置(离靶面最远处)随时间变化曲线，如图 3.7 所示。

从图 3.7 中可以发现，在 40～50ns 等离子体羽流发光前沿位置达到最大值，之后发光前沿位置变小。等离子体羽流中能量以光、热等形式向外辐射耗散[113-115]，导致等离子体羽流发光减弱，因此发光前沿位置逐渐衰减变小。

参考 Mahmood 等[116]分析纳秒脉冲激光烧蚀等离子体羽流膨胀过程的方法，对实验获得的羽流原始灰度图像(图 3.5)进行伪彩色处理，得到如图 3.8(a)所示的

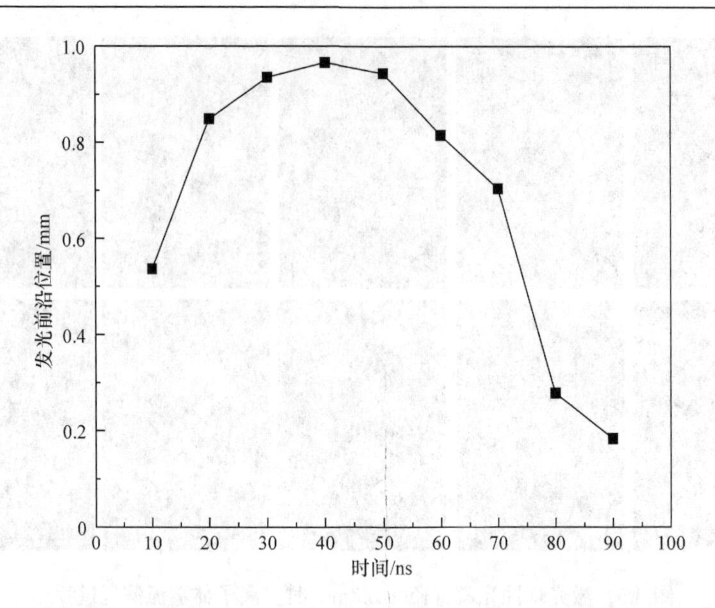

图 3.7　激光烧蚀光斑直径为 0.8mm 时等离子体羽流发光前沿位置随时间变化曲线

伪彩色图像。从图 3.8(b)中 40ns 时的等离子体羽流伪彩色图像可以看出，红色区域对应的高温高压等离子体核逐渐开始脱离靶面。在前面提到的羽流发光前沿边界提取结果中也发现 40ns 时羽流发光前沿位置达到最大值，而 40ns 时伪彩色图像也得到了等离子体核逐渐脱离靶面的现象，这说明图片数据处理方法得到的羽流发光前沿位置与实验得到的时空变化数据是可靠的。

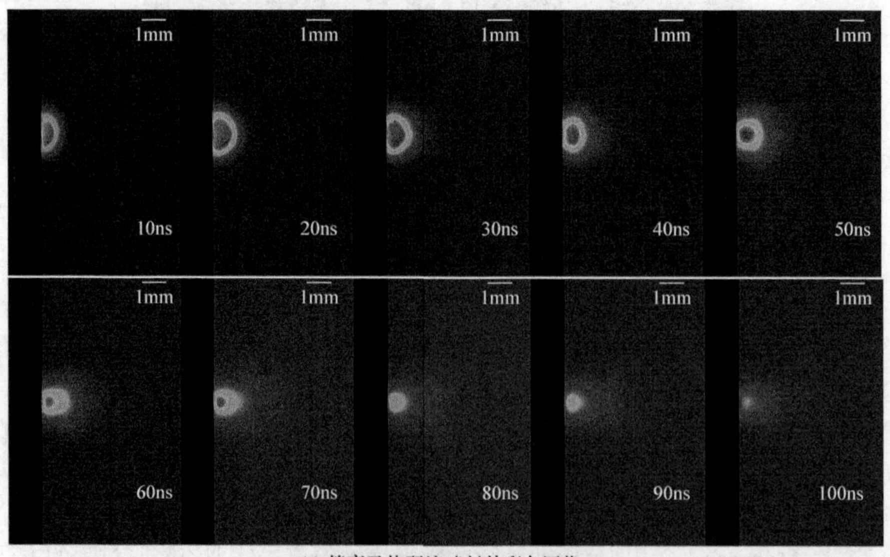

(a) 等离子体羽流喷射伪彩色图像

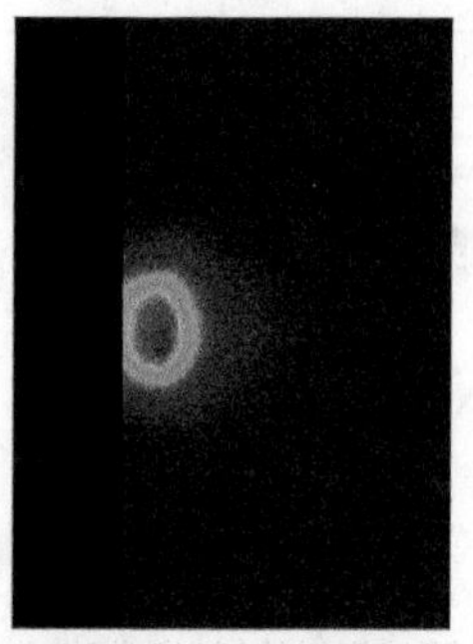

(b) 40ns时等离子体羽流伪彩色图像

图 3.8　激光烧蚀光斑直径为 0.8mm 时羽流伪彩色图像

等离子体羽流沿靶面法向的膨胀可以近似认为是一维等熵流动[117]，根据可压缩流体动力学方程，总压 P_0 与静压 P 之间的关系为

$$\frac{P_0}{P}=\left(1+\frac{\gamma-1}{2}Ma^2\right)^{\frac{\gamma}{\gamma-1}} \tag{3-2}$$

式中，γ 为比热比；Ma 为马赫数。

总压与静压和羽流压强 P_t 之间的关系为

$$P_0=P+P_t \tag{3-3}$$

激光烧蚀平面铝靶产生的高温高压等离子体的自由度 n=5(分别为空间三个自由度、振动自由度、转动自由度)，则比热比 $\gamma=(n+2)/n=1.4$ 。实验中真空舱环境气压约为 20Pa，温度约为 20°，联立式(3-2)和式(3-3)得

$$P_t=20\left[1+0.2\times\left(\frac{v}{343}\right)^2\right]^{\frac{7}{2}}-20 \tag{3-4}$$

针对实验结果，采用两相邻时间间隔的羽流发光前沿位置之差除以间隔时间，得到羽流平均速度，其结果如图 3.9 所示。将速度代入式(3-4)得到压强，并绘制压强($\lg P_t$)与时间的变化关系图。可以看出，等离子体羽流前沿速度从约 30km/s 开始降低，烧蚀压力随时间也急速下降，在不到 35ns 压力基本趋于零。可以看出，纳秒脉冲激光烧蚀对靶面产生的烧蚀压力从开始产生就急剧减小，极高的烧蚀压力存在时间很短，对靶面产生的力学效果反映为冲量。

当激光烧蚀光斑直径为 1.0mm、激光脉宽为 8ns、激光能量为 225.5mJ(激光功率密度为 $3.58916\times10^9\,\mathrm{W/cm^2}$)、真空舱压力为 20Pa 时，在 ICCD 相机曝光时间为 3ns 条件下，实验获得平面铝靶等离子体羽流演化过程如图 3.10 所示。

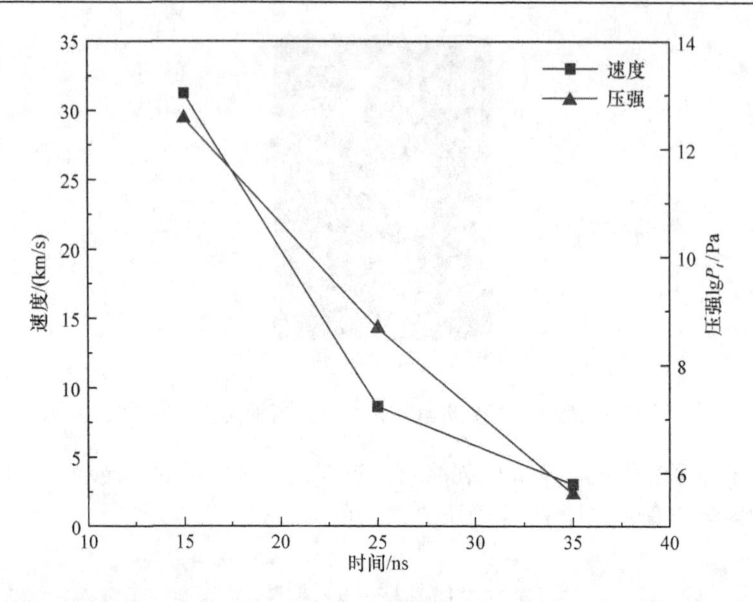

图 3.9　激光烧蚀光斑直径为 0.8mm 时等离子体羽流速度、压强与时间的关系

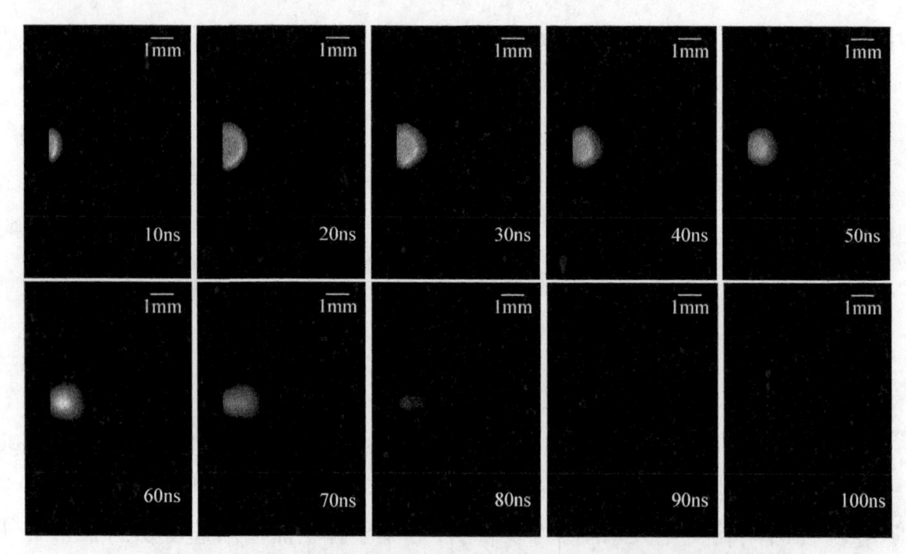

图 3.10　激光烧蚀光斑直径为 1.0mm 时等离子体羽流演化过程

对获得的羽流灰度图像进行伪彩色处理得到图 3.11，从图中可以看出，50ns 时羽流图像红色区域对应的高温高压等离子体核已脱离靶面；在 80ns 时羽流图像中无红色区域，说明等离子体核完全消失。

与前面对实验直接获得的等离子体羽流图像处理方法相同，对等离子体羽流发光前沿位置的数据进行拟合，结果如图 3.12 所示。可以发现在接近 50ns 时羽流发光前沿位置达到最大值。

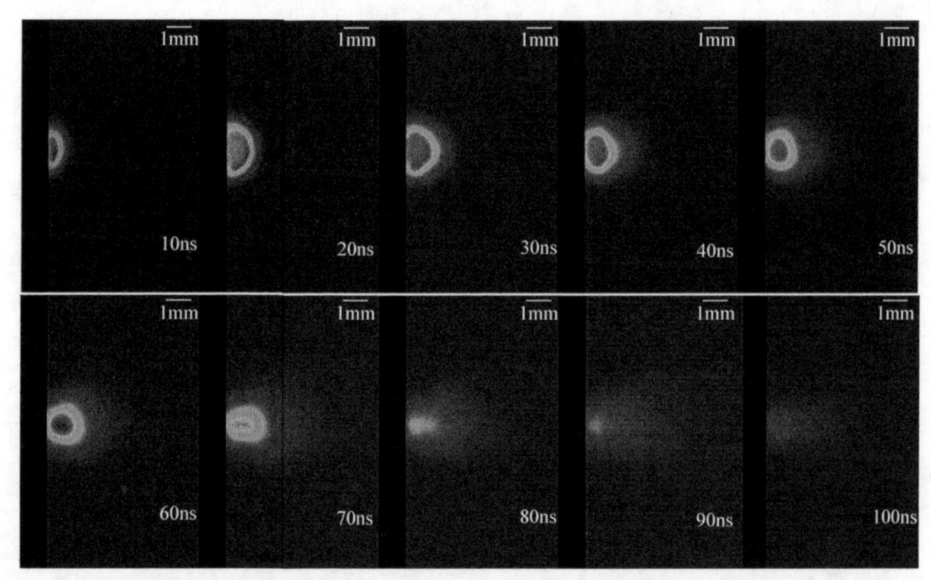

图 3.11　激光烧蚀光斑直径为 1.0mm 时等离子体羽流伪彩色图像

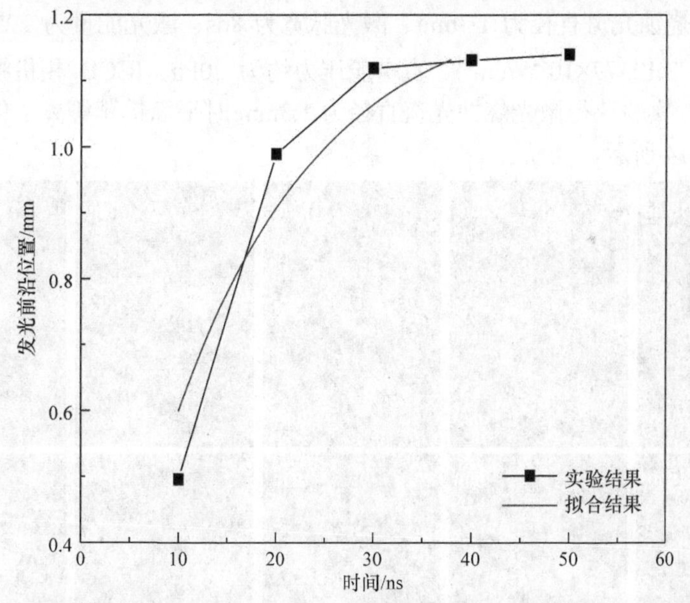

图 3.12　激光烧蚀光斑直径为 1.0mm 时等离子体羽流发光前沿位置随时间变化曲线

采用同样的方法计算得到等离子体羽流平均速度，其结果如图 3.13 所示。由速度进一步得到压强，并绘制压强($\lg P_t$)随时间的变化关系图。可以看出，等离子体羽流前沿速度从 50km/s 开始降低，烧蚀压力随时间也急速下降，在 45ns 内压力基本趋于零，可以看出纳秒脉冲激光烧蚀对靶面产生的烧蚀压力从开始产生就急剧减小，极高的烧蚀压力存在时间很短，对靶面产生的力学效果反映为冲量。

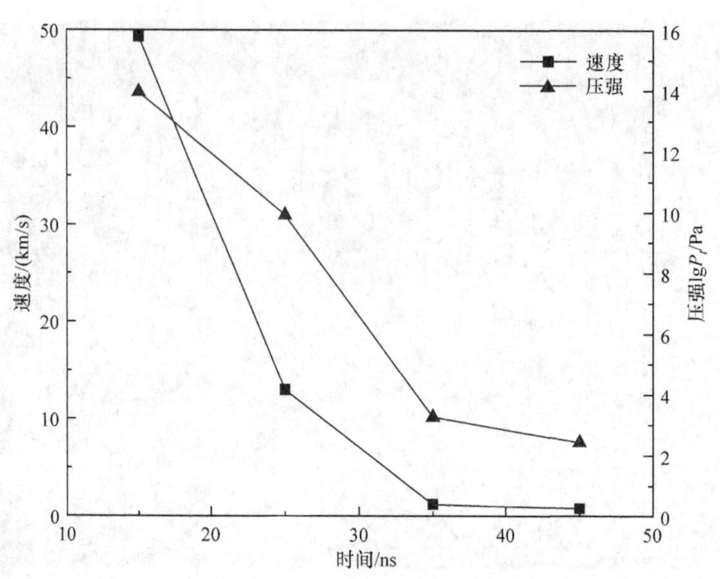

图 3.13　激光烧蚀光斑直径为 1.0mm 时等离子体羽流速度、压强与时间的关系

在激光烧蚀光斑直径为 1.3mm、激光脉宽为 8ns、激光能量为 225.5mJ(激光功率密度为 $2.12377\times10^{9}W/cm^{2}$)、真空舱压力约为 20Pa、ICCD 相机曝光时间为 3ns 条件下，实验获得激光烧蚀光斑直径为 1.3mm 时平面铝靶等离子体羽流演化过程如图 3.14 所示。

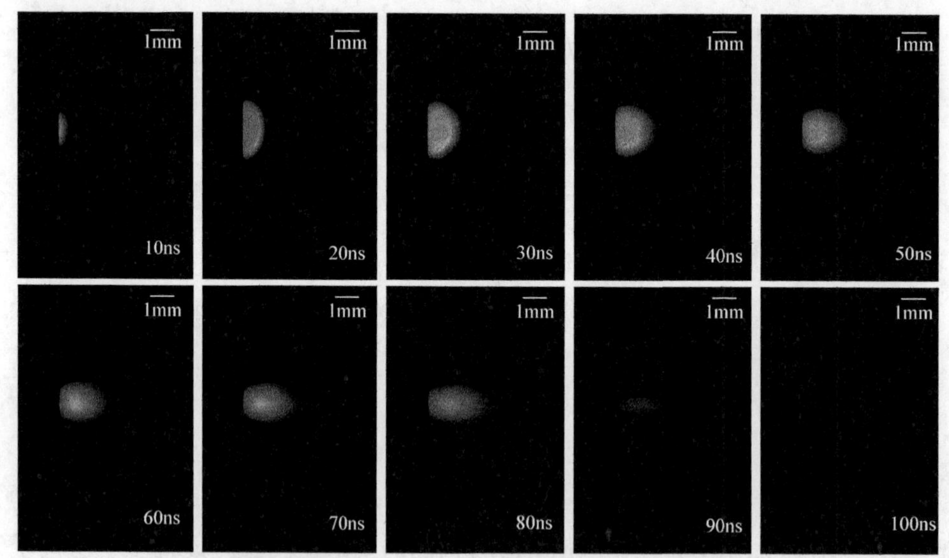

图 3.14　激光烧蚀光斑直径为 1.3mm 时等离子体羽流演化过程

对获得的等离子体羽流灰度图像进行伪彩色处理得到图 3.15，从图中可以看出，60ns 时等离子体羽流图像红色区域对应的高温高压等离子体核已完全脱离靶

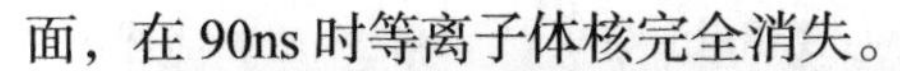
面，在 90ns 时等离子体核完全消失。

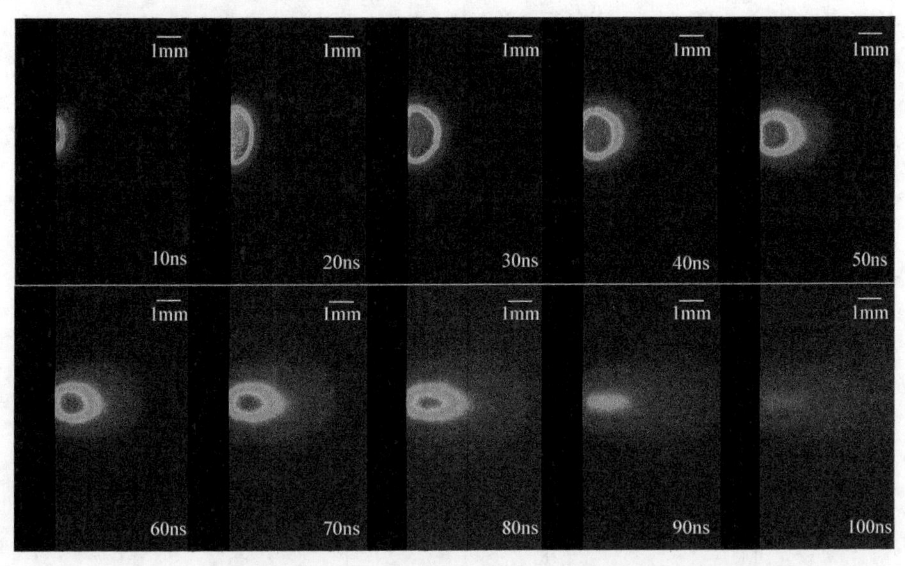

图 3.15　激光烧蚀光斑直径为 1.3mm 时等离子体羽流伪彩色图像

利用同样的方法获得等离子体羽流灰度图像中的羽流边界，实验得到激光烧蚀光斑直径为 1.3mm 时等离子体羽流发光前沿位置数据，如图 3.16 所示，发现在 70ns 时羽流发光前沿位置达到最大值。

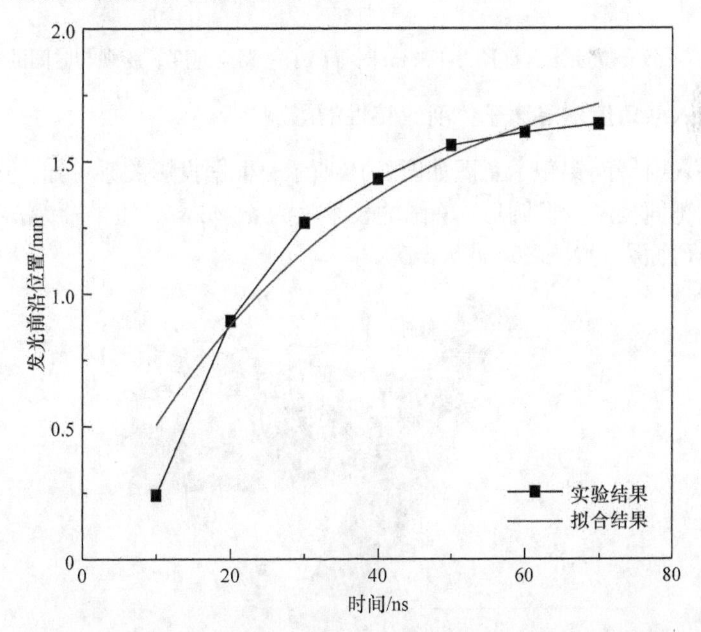

图 3.16　激光烧蚀光斑直径为 1.3mm 时等离子体羽流发光前沿位置随时间变化曲线

采用同样的方法计算激光烧蚀光斑直径为 1.3mm 时等离子体羽流平均速度，根据速度变化得到烧蚀压强变化，并绘制速度、压强($\lg P_t$)与时间的变化关系，如图 3.17 所示。可以看出，等离子体羽流前沿速度从约 65km/s 开始降低，烧蚀压力随时间也急速下降，在 65ns 内烧蚀压力基本趋于零；纳秒脉冲激光烧蚀对靶面产生的烧蚀压力从开始产生就急剧减小，极高的烧蚀压力存在时间很短，对靶面产生的力学效果反映为冲量。

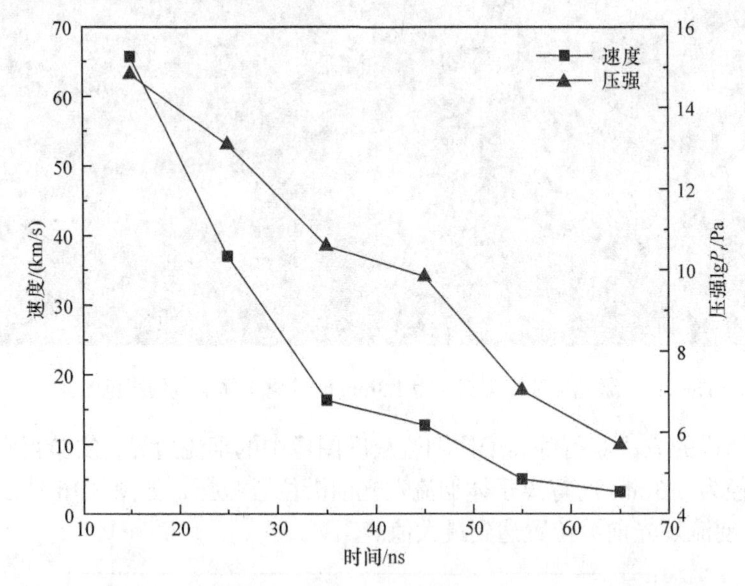

图 3.17　激光烧蚀光斑直径为 1.3mm 时等离子体羽流速度、压强与时间的关系

3.2.2　激光入射角度对等离子体羽流特性的影响

激光斜入射平面铝靶示意图如图 3.18 所示，根据投影关系可知，圆形的激光烧蚀光斑在靶面投影为椭圆形，椭圆的长半轴为 $a=r/\cos\theta$，短半轴为 $b=r$，则椭圆形的烧蚀光斑面积为 $S=\pi ab=\pi r^2/\cos\theta$。

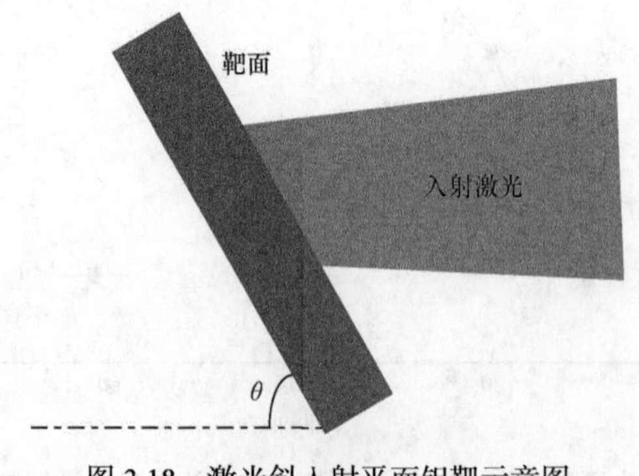

图 3.18　激光斜入射平面铝靶示意图

1. 入射激光小角度辐照下等离子体羽流

实验中采用的 YAG 固体激光器烧蚀激光经聚焦透镜形成直径为 1mm 的烧蚀光斑，激光入射方向与靶面法向的夹角为 0°～20°。图 3.19 为激光以不同入射角度辐照铝靶时等离子体羽流随时间演化过程。

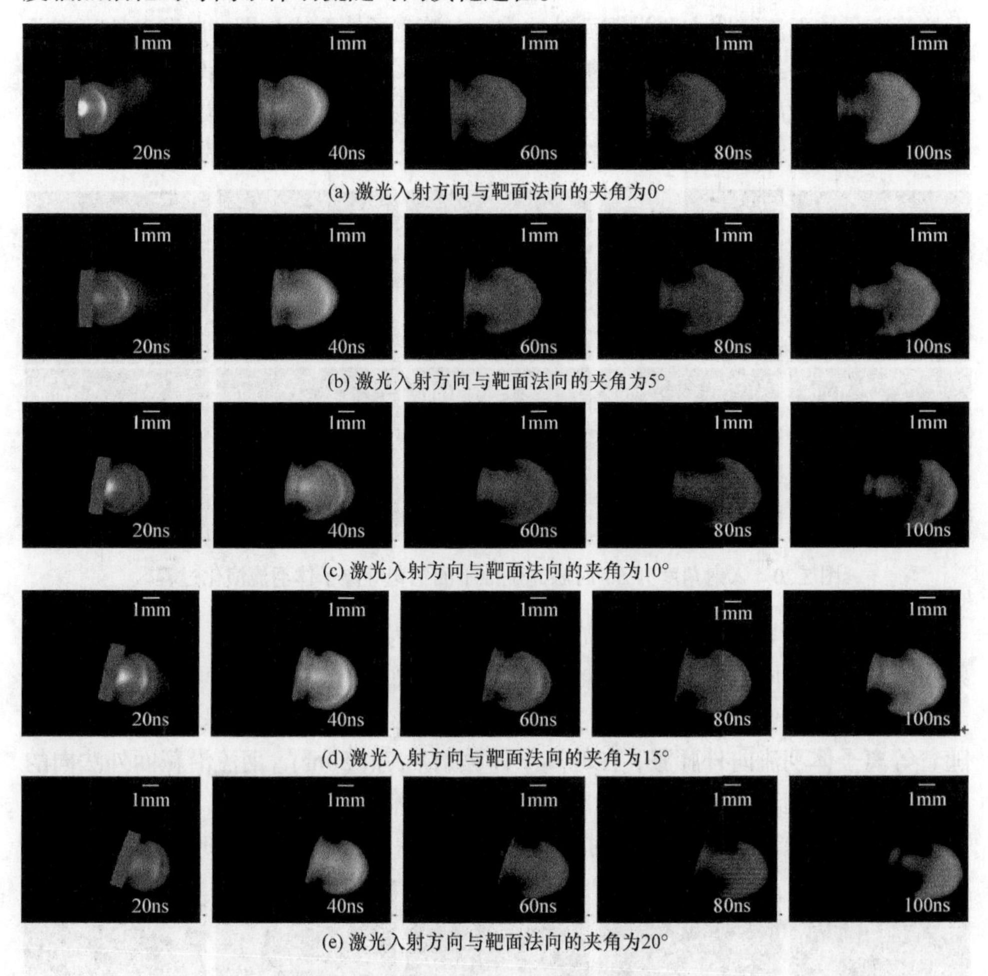

(a) 激光入射方向与靶面法向的夹角为0°

(b) 激光入射方向与靶面法向的夹角为5°

(c) 激光入射方向与靶面法向的夹角为10°

(d) 激光入射方向与靶面法向的夹角为15°

(e) 激光入射方向与靶面法向的夹角为20°

图 3.19　激光入射角度变化时等离子体羽流随时间演化过程

可以看出，尽管激光的入射角度不同，但等离子体羽流膨胀基本沿着靶面法向。同一时刻，不同激光入射角度下的等离子体演化规律基本相同。当激光以小角度斜入射时，等离子体羽流演化趋势与激光垂直入射靶材时基本相同，以蘑菇云状向远离靶面方向膨胀，并且在靶面法向上膨胀较快，变化较大，而在平行于靶面的方向上变化较小。因此，在一定激光入射角度范围内，等离子体羽流喷射主要沿着靶面法向。

2. 入射激光大角度辐照下等离子体羽流

在激光能量为225.5mJ、激光烧蚀光斑直径为0.8mm条件下，实验获得了入射激光与靶面法向角度为60°时的羽流演化过程，如图3.20所示，激光入射方向如图中箭头所示。从图3.20中等离子体羽流发光图像可以看出，激光斜入射平面铝靶产生的等离子体羽流膨胀主要沿靶面外法向。在等离子体形成初期，自发光的等离子体位于靶面附近，沿靶面外法向的变化不显著，等离子体羽流并未呈典型的半球状。在等离子体演化后期(>50ns)，等离子体沿靶面外法向的尺寸显著增大，但随着等离子体羽流膨胀过程中以对外辐射等方式耗散能量，等离子体发光强度减弱。

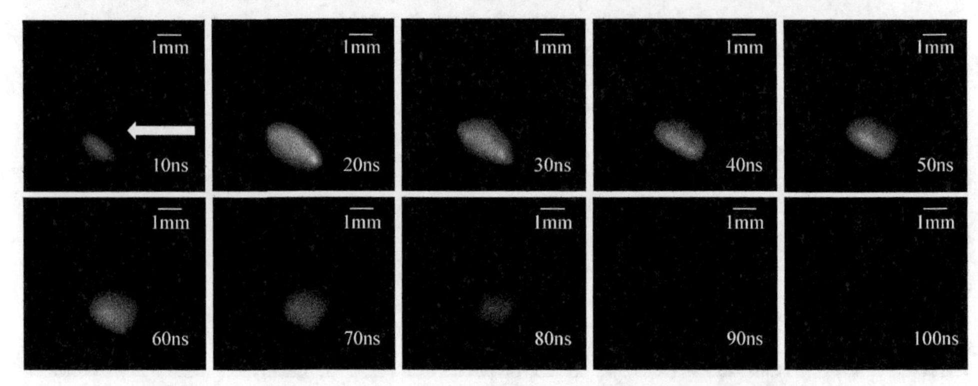

图3.20　入射角度为60°时激光烧蚀平面铝靶等离子体羽流演化过程

在激光能量为225.5mJ、激光烧蚀光斑直径为0.8mm条件下，实验获得了入射激光与靶面法向角度为30°时羽流演化过程，如图3.21所示。可以看出，等离子体喷射方向主要沿靶面外法向，等离子体羽流形状在喷射初期呈典型的半球状，随着等离子体羽流向外膨胀，在等离子体喷射后期(>50ns)，羽流沿靶面外法向的尺寸增大，但随着等离子体能量的耗散，等离子体发光强度减弱。对比入射角度分别为30°和60°时等离子体喷射初期的羽流图像，可以发现30°时等离子体羽流

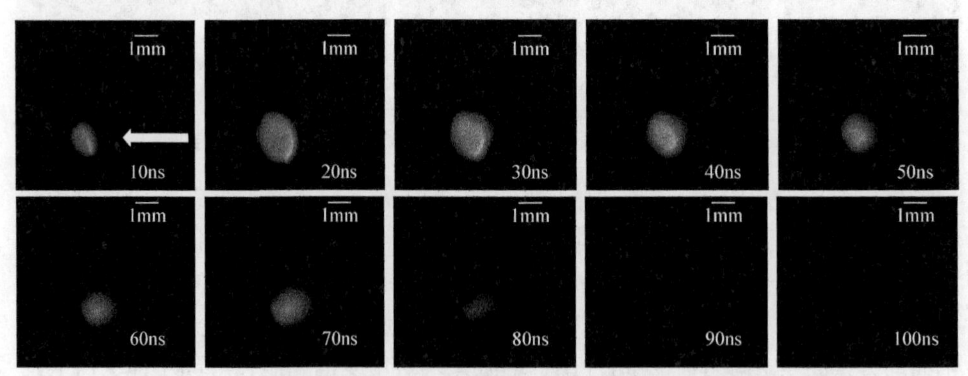

图3.21　入射角度为30°时激光烧蚀平面铝靶等离子体羽流演化过程

沿靶面外法向的尺寸更大，这是因为 30°时平面铝靶受激光辐照区域面积比 60°时小。因此，当激光能量相同时，单位面积内入射角度为 30°时的激光能量密度、功率密度更高，激光烧蚀铝靶产生的等离子体更剧烈，这导致等离子体沿靶面外法向的膨胀速度增大。

3.2.3　羽流喷射特性对冲量耦合的影响

针对等离子体羽流喷射对冲量耦合的影响机制问题，实验探究了激光能量分别为 32.5mJ、51.8mJ 和 71.1mJ、激光烧蚀光斑直径为 1.3mm 时，脉冲激光烧蚀平面铝靶的等离子体羽流演化过程，具体如图 3.22 所示。从三种激光能量条件下的 10ns 时羽流图像均未发现明亮的区域这个实验现象可以看出，在脉冲激光作用期间并未产生等离子体，即激光烧蚀时，靶面吸收激光能量产生的物质以靶蒸气为主。根据激光与物质相互作用理论，脉冲激光辐照铝靶，靶面受辐照区域的物

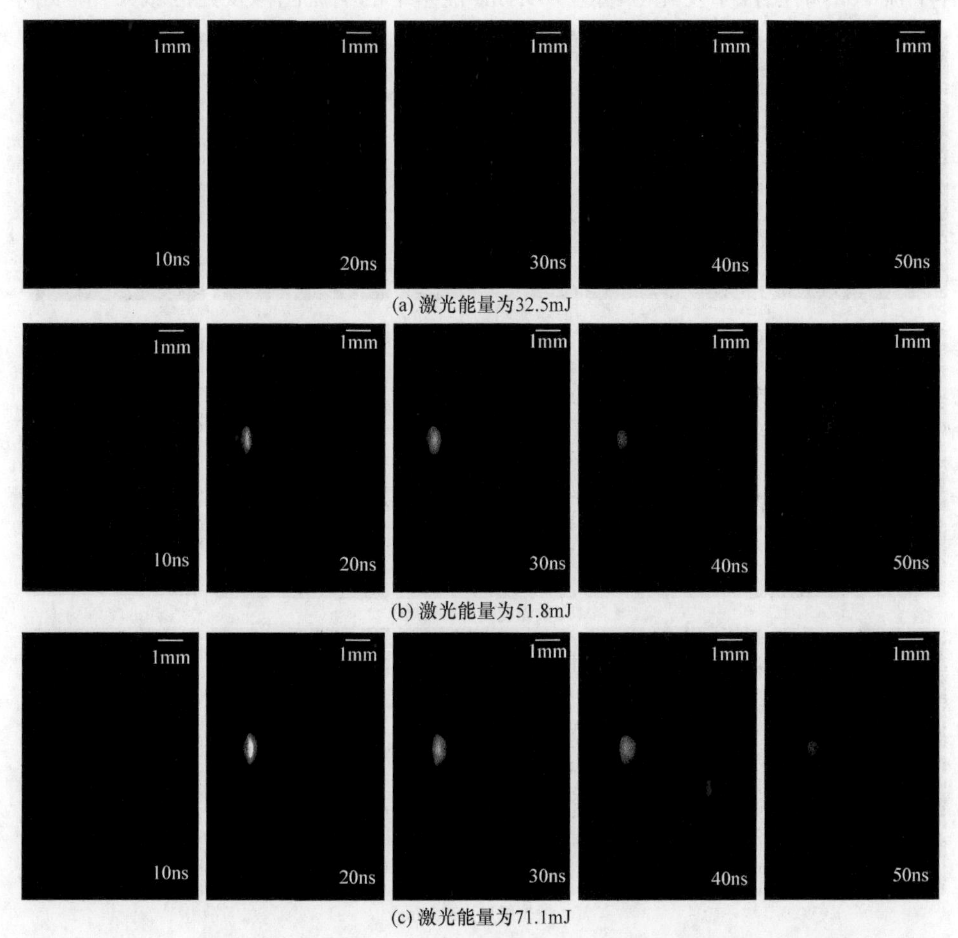

(a) 激光能量为32.5mJ

(b) 激光能量为51.8mJ

(c) 激光能量为71.1mJ

图 3.22　激光能量为 32.5mJ、51.8mJ 和 71.1mJ 的等离子体羽流演化过程

质吸收激光能量首先形成靶蒸气，进一步由热电子的光电效应产生等离子体[118,119]，对比三种激光能量条件下 20ns 时的羽流发光区域可以发现，随着激光能量的增加，发光区域的持续时间增加。在激光与靶材相互作用期间，伴随激光能量的持续增加，靶面物质吸收的能量增多，使靶蒸气不断增加，因而靶蒸气电离形成的等离子体发光区域增大、持续时间延长。可以认为，在此过程中产生的靶蒸气也在增加，因而在激光能量增加的条件下，对靶产生的冲量也将增大。

为分析脉冲激光烧蚀导致离化条件下的冲量耦合机制，实验选取对应的激光能量为 109.7mJ 和 225.5mJ，获得了这两种激光能量下等离子体羽流演化过程，并结合低能量下(激光能量为 71.1mJ)的羽流图像进行分析。由图 3.23 可以发现，激光能量 109.7mJ 和 225.5mJ 条件下的 10ns 时刻羽流图像出现亮区域，说明脉冲激光作用期间，靶面出现了自发光的等离子体。在 225.5mJ 激光能量下，等离子体羽流 10ns 时图像中发光区域比 109.7mJ 能量下的羽流图像发光区域大，说明高

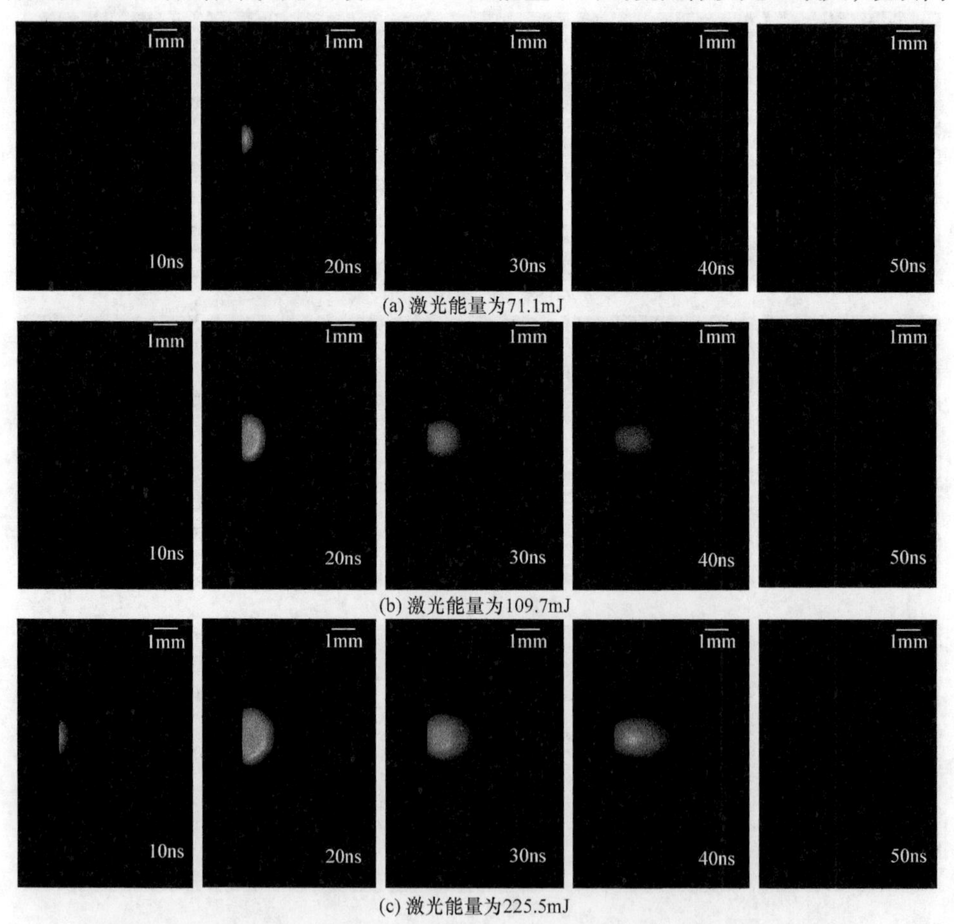

(a) 激光能量为71.1mJ

(b) 激光能量为109.7mJ

(c) 激光能量为225.5mJ

图 3.23　激光能量为 71.1mJ、109.7mJ 和 225.5mJ 时等离子体羽流演化过程

能量下激光烧蚀平面铝靶产生的等离子体电离程度更剧烈。随着激光能量从 71.1mJ 增大至 109.7mJ，在相同激光脉冲时间内，激光能量较高时，相同时间内靶蒸气吸收的激光能量增加，导致靶蒸气电离度增加；随着激光能量继续增加，靶蒸气中被热激发的原子通过束缚-自由机制吸收的激光能量增多、离子逆韧致吸收效应增大，靶蒸气电离度进一步增大，产生的等离子体急剧增加。当靶蒸气高度电离时，等离子体逆韧致吸收过程成为激光烧蚀平面铝靶等离子体羽流吸收入射激光的主要机制，此时入射激光容易被等离子体屏蔽，难以到达靶面与靶材耦合产生靶蒸气，进一步形成等离子体屏蔽效应[120,121]，从而极易导致冲量耦合性能降低。

3.3　典型形状铝靶脉冲激光烧蚀等离子体羽流喷射特性

对典型非平面状碎片靶的等离子体羽流喷射特性开展实验研究，选取楔形靶和球形靶为研究对象，探索非平面状碎片在激光大光斑辐照下的等离子体羽流喷射特性。

3.3.1　楔形铝靶脉冲激光烧蚀等离子体羽流特性

脉冲激光烧蚀楔形铝靶的示意图如图 3.24 所示，激光沿靶面 3 的法向入射。实验时设定激光能量为 225.5mJ，通过高时空分辨羽流观测系统记录等离子体羽流演化过程，如图 3.25 所示。从图 3.25 中可以看到，以楔形顶点平面为分界，10ns 时产生发光等离子体，在 30ns 时羽流上、下两部分呈对称分布，且此时羽流上、下两部分还未分离，而在 40ns 之后羽流沿楔形顶点平面明显分为上、下两部分，这两部分均沿所在靶面外法向扩展，且发展趋势相似，可得到激光烧蚀楔形铝靶产生的羽流以楔形顶点为分界，分成上、下两部分，上、下两部分羽流喷射方向均沿所在靶面的外法向。

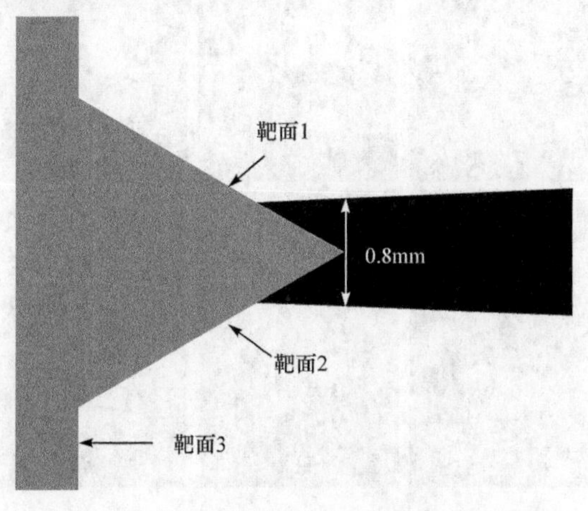

图 3.24　脉冲激光烧蚀楔形铝靶的示意图

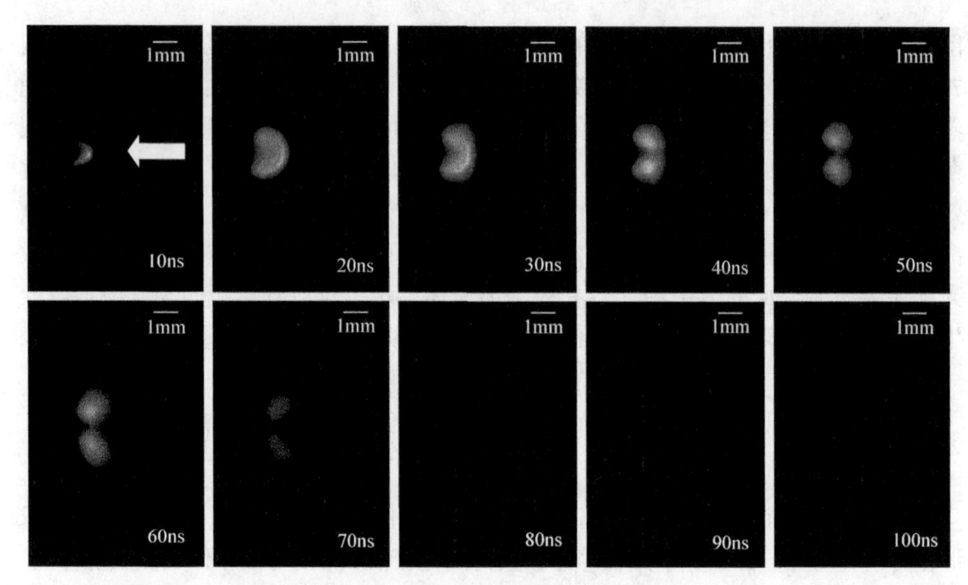

图 3.25　准真空环境下脉冲激光烧蚀楔形铝靶等离子体羽流演化过程

为确定上、下两部分羽流导致的合冲量矢量方向，实验进一步研究了较高环境气压下脉冲激光烧蚀楔形铝靶的羽流特性。将真空舱气压抽至 2000Pa，其余实验条件与真空中相同，通过 3ns 曝光时间的 ICCD 相机，实验拍摄了脉冲激光烧蚀楔形铝靶等离子体羽流演化过程，灰度图如图 3.26 所示，从图中 10ns 和 20ns 时的羽流图像可以看出，羽流演化初期等离子体羽流仍为一个整体。对获得的羽流灰度图像进行伪彩色处理，如图 3.27 所示。

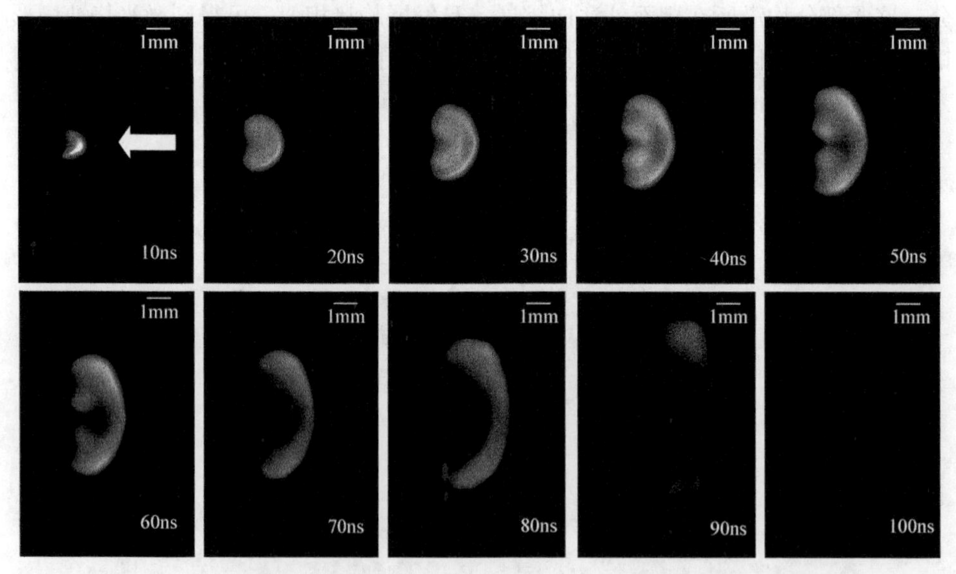

图 3.26　低气压环境下脉冲激光烧蚀楔形铝靶等离子体羽流演化过程灰度图

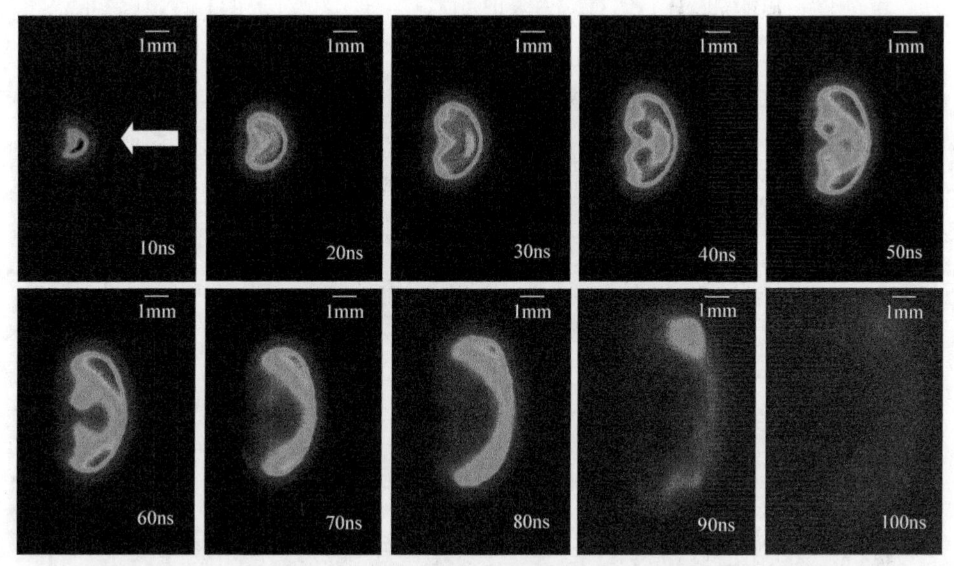

图 3.27 低气压环境下脉冲激光烧蚀楔形铝靶等离子体羽流演化过程伪彩色图

从羽流伪彩色图像 3.27 可以清楚地看到羽流内部结构，在 30ns 时羽流在楔形顶点附近出现一个等离子体温度相对较低的区域，随着时间的增加，该区域温度继续降低。在 40ns 时图像显示上部分羽流和下部分羽流开始分开，在 40ns 时分成 4 个高温等离子体区域(图中红色区域)，即上、下部分羽流形成的两个高温等离子体区域。在 60ns 时，靠近靶面的两个等离子体核消失，远离靶面的两个高温高压等离子体核继续沿各自靶面的外法向运动。在 100ns 时，靠近靶面的等离子体羽流消失，远离靶面的两个等离子体核也基本消失。由上述分析可知，尽管激光烧蚀楔形铝靶产生的等离子体羽流以楔形顶点为分界产生分离，但上、下两部分等离子体羽流的膨胀矢量方向之和基本沿楔形靶面 3 的外法向，说明激光烧蚀楔形铝靶产生的等离子体羽流演化方向主要沿逆激光入射方向。

综上所述，在羽流演化初期，脉冲激光烧蚀楔形铝靶的等离子体羽流仍为一个整体；之后以楔形顶点为分界分开，上、下两部分羽流喷射方向均沿所在靶面的外法向，但等离子体羽流主要膨胀方向仍沿逆激光入射方向，上、下两部分羽流的冲量矢量的合矢量方向主要沿激光入射方向。

3.3.2 球形铝靶脉冲激光烧蚀等离子体羽流特性

为分析脉冲激光烧蚀球形铝靶产生的冲量方向，本小节进一步开展了脉冲激光烧蚀球形铝靶羽流特性实验。图 3.28 为脉冲激光烧蚀直径为 1.2mm 的球形铝靶示意图，实验测得入射激光在球形铝靶顶点处的光斑直径为 0.8mm，通过曲面积分计算得到球形铝靶靶面受辐照区域面面积为 $5.049\times10^{-3}cm^2$。在激光光斑直径为 0.8mm、激光脉宽为 8ns 时，实验分析球体碎片靶的等离子体羽流变化规律。

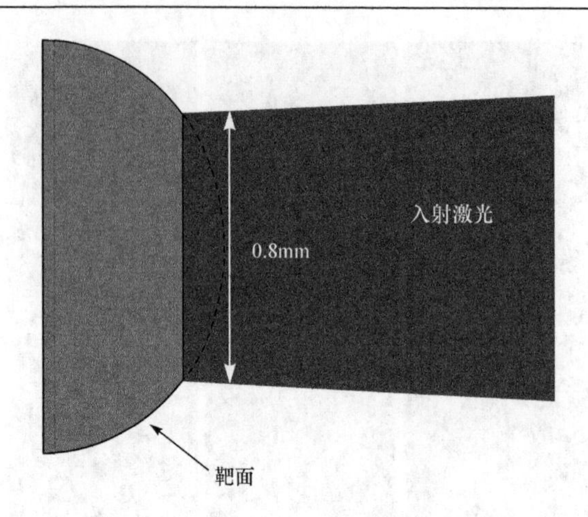

图 3.28　脉冲激光烧蚀球形铝靶示意图

实验时设定激光能量为 225.5mJ，通过高时空分辨羽流观测系统记录羽流演化过程，如图 3.29 所示。可以看出，20ns 时等离子体羽流尺寸达到最大值，之后随时间推移，等离子体羽流尺寸逐渐减小。等离子体羽流早期呈现椭球形，膨胀方向主要沿逆激光入射方向。

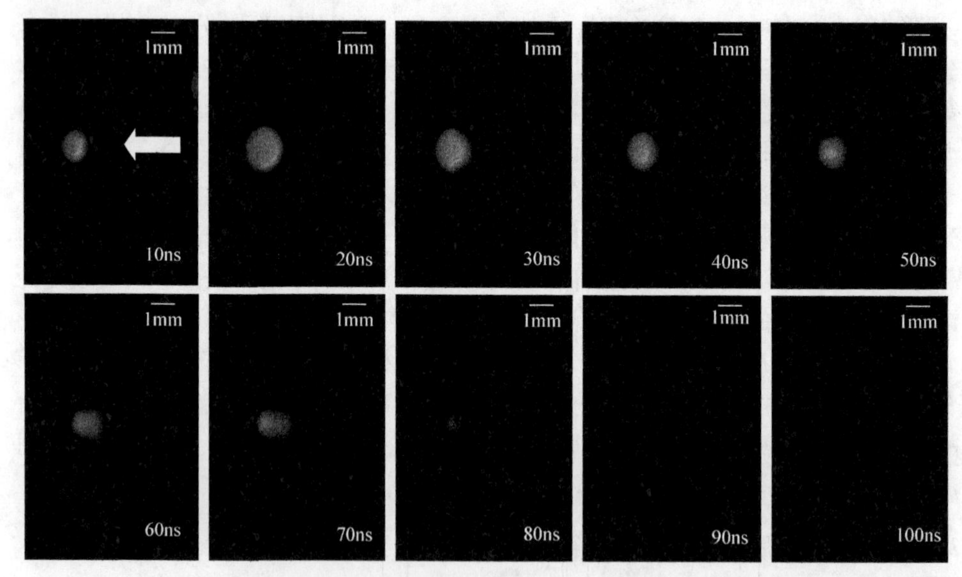

图 3.29　准真空环境下脉冲激光烧蚀球形铝靶等离子体羽流演化过程

保持其他实验参数不变，将真空舱压力抽至 2000Pa，实验获得低气压环境下脉冲激光烧蚀球形铝靶等离子体羽流演化过程，如图 3.30 所示。

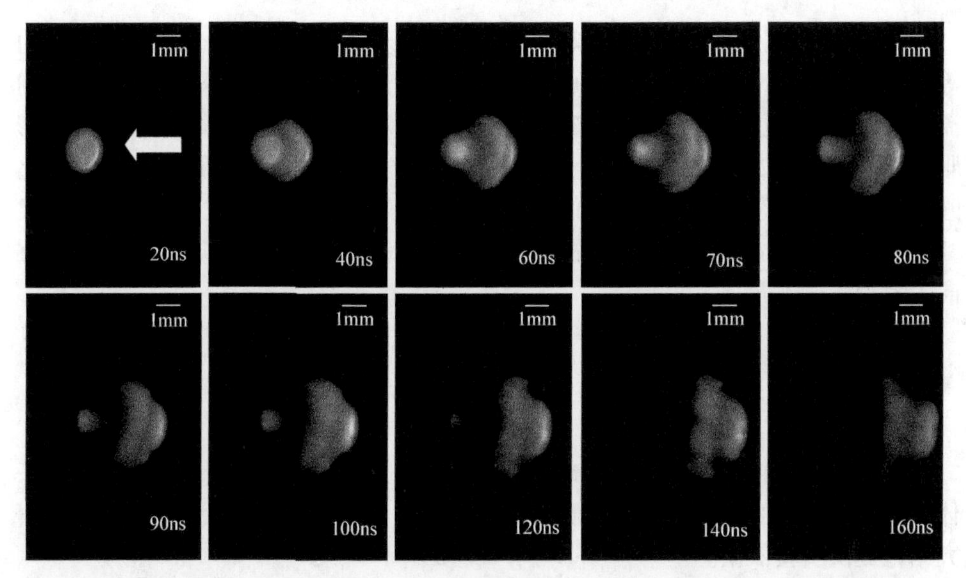

图 3.30　低气压环境下脉冲激光烧蚀球形铝靶等离子体羽流演化过程灰度图

为进一步分析等离子体羽流内部结构演化,对其进行伪彩色处理,得到图 3.31。图 3.31 中 20ns 时图像显示羽流呈椭球形，40ns 时等离子体核呈蘑菇状，40ns 时蘑菇状的等离子体羽流内部出现两个高温等离子体区域，其中一个高温等离子体区域靠近靶面，另一个高温等离子体区域靠近羽流膨胀前沿位置。在 90ns 时，靠近靶面的高温等离子体区域消失，羽流膨胀前沿位置附近的高温等离子体区域继续沿逆激光入射方向扩展。

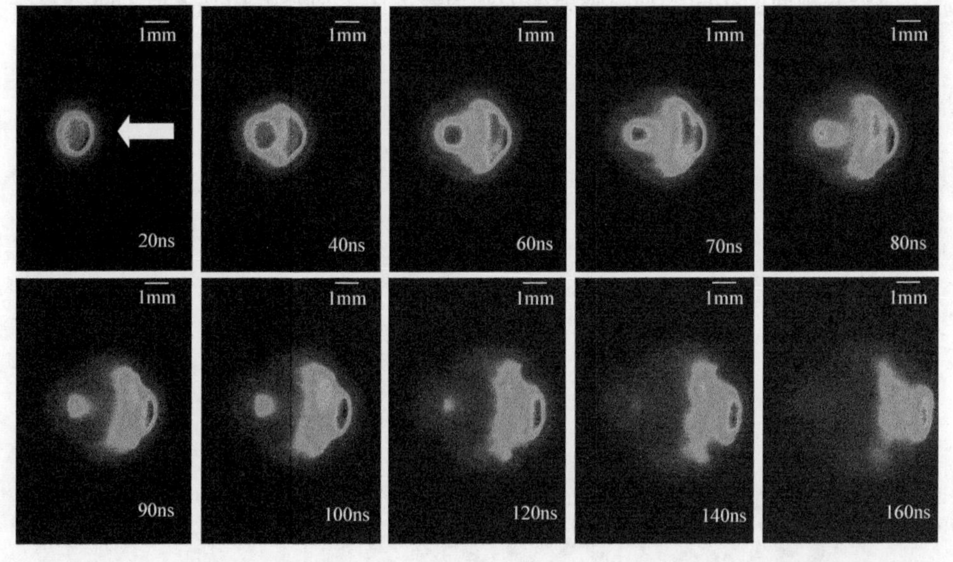

图 3.31　低气压环境下脉冲激光烧蚀球形铝靶等离子体羽流演化过程伪彩色图

对于准真空和低气压环境下等离子体羽流差异形成的原因，可以参考 Harilal 等[122]在不同环境气压下激光烧蚀球形铝靶的分析结果，准真空环境下等离子体羽流处于自由膨胀状态，内部粒子碰撞较少，因此等离子羽流沿靶面外法向快速膨胀；而当气压为 2000Pa 时，羽流处于等离子体与环境气体分子相互作用、粒子之间碰撞增多的状态，导致环境气体发生电离，使羽流膨胀前沿位置的等离子体尺寸增大。综上所述，脉冲激光烧蚀羽流喷射方向为激光入射反方向，因而冲量方向为激光入射方向。

3.4 小　　结

本章对纳秒脉冲激光烧蚀等离子体羽流特性开展了实验测量，获得了等离子体羽流演化过程的物理图像，为脉冲激光烧蚀冲量耦合方向和脉冲力作用时间研究结论提供实验依据。

(1) 对典型空间碎片材料平面铝靶的等离子体羽流喷射过程进行测量，分析了光斑尺寸、激光入射角度对羽流喷射特性的影响，发现纳秒脉冲激光烧蚀对靶面产生的烧蚀压力从开始产生就急剧减小，极高的烧蚀压力存在时间很短，对靶面施加的力学效应表现为冲量效果；在一定的激光入射角度内，等离子体羽流喷射主要沿着靶面法向，冲量耦合方向也随之相同。

(2) 在脉冲激光烧蚀平面铝靶等离子体羽流研究的基础上，开展了典型楔形、球体碎片材料的等离子体羽流喷射特性研究，发现脉冲激光烧蚀下的等离子体羽流主要沿着靶面的法向，羽流喷射的宏观力学方向主要沿着激光入射方向。

第 4 章　纳秒脉冲激光烧蚀微冲量特性

本章介绍纳秒脉冲激光辐照下的微冲量特性，首先介绍脉冲激光烧蚀典型铝质平面靶的冲量特性，分析光斑尺寸对冲量特性的影响；其次介绍激光斜入射条件下的冲量特性；最后阐述激光波长对冲量特性的影响规律。

4.1　脉冲激光正入射辐照冲量特性

在激光清除空间碎片过程中，激光辐照空间碎片的光斑大小取决于激光器发射口径。激光小光斑辐照是指光斑尺寸远小于碎片尺寸，大光斑辐照是指光斑尺寸与碎片尺寸量级相当或大于碎片尺寸。针对小光斑辐照和大光斑辐照两种情况，采用微冲量测量系统，实验分析两种类型典型光斑尺寸辐照下的微冲量特性。

4.1.1　小光斑辐照冲量特性

实验中选用的铝质靶材尺寸在毫米量级，一般来说激光小光斑辐照下的光斑直径在百微米量级，甚至更小在几十微米量级，烧蚀光斑尺寸远小于靶材尺寸。以激光正入射小光斑辐照平面状碎片为例，烧蚀光斑如图 4.1 所示。

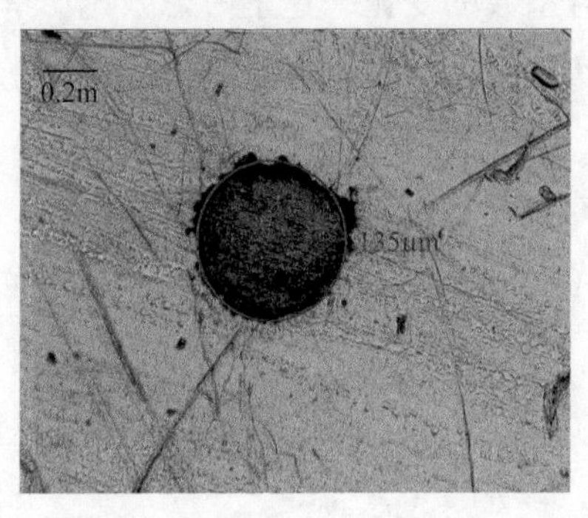

图 4.1　平面状铝质碎片在激光正入射小光斑辐照下的烧蚀光斑

采用 Nd：YAG 固体激光器进行实验，激光波长为 1064nm，脉宽为 8ns。根据第 2 章中扭摆系统测量微冲量原理，在不同激光烧蚀能量辐照下，脉冲激光小光斑烧蚀平面靶铝质碎片产生的微冲量随入射激光能量变化曲线如图 4.2 所示。

由图 4.2 可知，在激光能量较低时，激光烧蚀微冲量随烧蚀能量的增大而增大，但随后微冲量增大趋势减小，这是由于靶面在吸收入射激光能量后迅速熔化、气化，在辐照区形成烧蚀靶蒸气射流，对靶产生反冲冲量；随着激光沉积能量的增加，烧蚀产物增加，激光烧蚀形成的微冲量逐渐增大。当激光能量进一步增大时，烧蚀产生的靶蒸气会电离形成等离子体，等离子体通过逆韧致等多种吸收机制吸收激光束的能量，从而引起激光与靶的耦合能量降低，即等离子体屏蔽效应[112]。此外，激光能量越大，等离子体屏蔽效应越显著，导致激光烧蚀微冲量增加速度减慢。

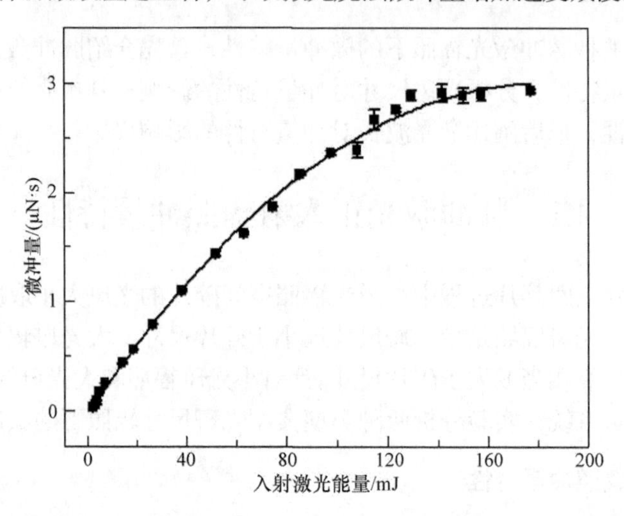

图 4.2　脉冲激光小光斑烧蚀平面靶铝质碎片产生的微冲量随入射激光能量变化曲线

根据激光烧蚀微冲量测量结果，进一步计算得到平面铝质碎片在纳秒脉冲激光小光斑辐照下冲量耦合系数的变化，这里考虑激光功率密度变化导致的冲量耦合系数变化情况，如图 4.3 所示。

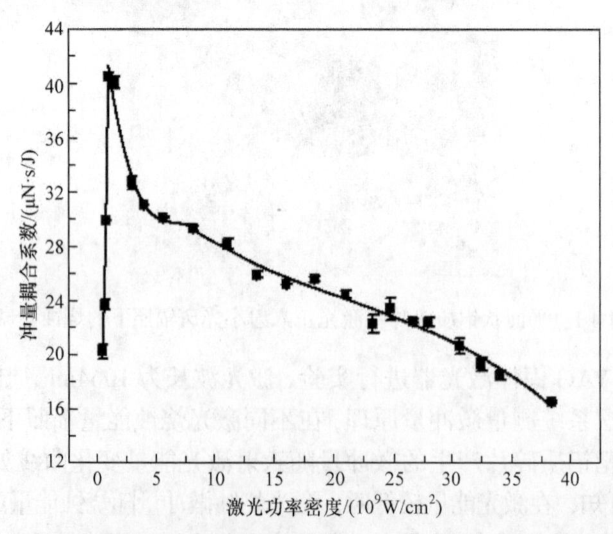

图 4.3　平面铝质碎片在激光小光斑辐照下冲量耦合系数随激光功率密度变化关系

由图 4.3 可知，冲量耦合系数在激光功率密度逐渐增大的情况下，其数值先迅速增大后逐渐减小，存在最佳冲量耦合系数[123]，激光功率密度是冲量耦合系数变化的敏感因素；在达到最佳冲量耦合系数之前，提高激光功率密度有助于提高烧蚀效率，增强喷射强度，从而提高冲量耦合系数。在达到最佳冲量耦合系数后，激光烧蚀产物如靶蒸气等，由于逆韧致等多种吸收机制吸收激光能量进一步电离形成等离子体，等离子体屏蔽作用引发冲量耦合系数开始逐渐减小。

4.1.2　大光斑辐照冲量特性

对于激光大光斑烧蚀，辐照靶面的光束大小应与靶的尺寸相当。实验中选择的铝靶为边长 2mm 的平板，因此激光大光斑辐照尺寸应为毫米量级。实验中烧蚀光斑直径分别为1mm、1.16mm和1.33mm，根据冲量测量结果，当脉冲激光辐照铝靶时，平面状碎片在不同激光光斑尺寸正入射下的冲量变化曲线如图 4.4 所示。

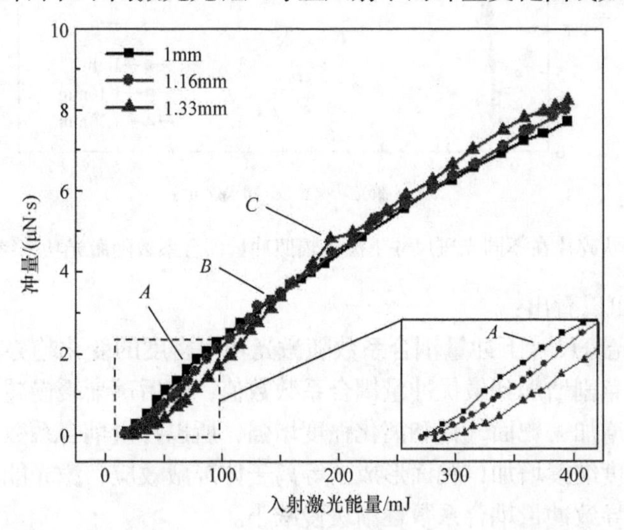

图 4.4　平面状碎片在不同激光光斑尺寸正入射下的冲量变化曲线

由图 4.4 可以看出：

(1) 平面状碎片在不同激光光斑尺寸正入射下的冲量变化趋势基本相同，随着激光沉积能量的不断增大，冲量逐渐增大，这与激光小光斑辐照下的冲量变化趋势相同。

(2) 图中 A、B、C 三点分别是光斑直径为1mm、1.16mm、1.33mm 辐照烧蚀下的最佳冲量耦合系数对应的入射激光能量值。当入射激光能量小于 A 点对应的能量值时，光斑尺寸大导致激光功率密度低，对应的冲量较小。因而，在达到最佳冲量耦合系数之前，增大激光功率密度可以提高靶烧蚀效率，喷射强度增大，提高激光功率密度有助于提高冲量耦合性能。

(3) 当入射激光能量大于 C 点对应的能量值时，尽管在相同入射激光能量下增大光斑面积会降低激光功率密度，但冲量仍然增大。因此，达到最佳冲量耦合系数后，在形成等离子体阈值对应的激光功率密度下，光斑尺寸越大，相应的冲量越大。

根据冲量测量结果，在纳秒脉冲激光大光斑辐照烧蚀平面状碎片情况下，激光功率密度变化对冲量耦合系数的影响如图 4.5 所示。

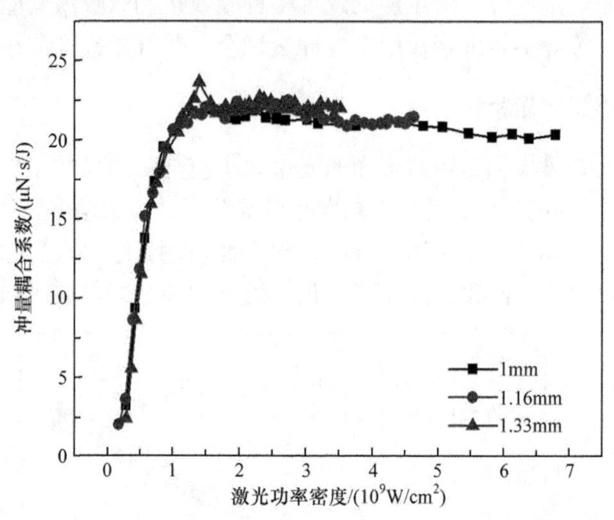

图 4.5 平面状碎片在不同光斑尺寸下激光辐照冲量耦合系数随激光功率密度变化曲线

由图 4.5 可以看出：

(1) 不同光斑尺寸下冲量耦合系数随激光功率密度的变化趋势基本相同，冲量耦合系数先急剧增加到最优冲量耦合系数数值，随后逐渐缓慢减小。因为随着激光功率密度增加，靶面气化和离化强度增强，所以冲量耦合系数急剧增大，随着激光功率密度继续增加，靶面形成了等离子体屏蔽效应，激光能量转化为冲量的效率降低，导致冲量耦合系数逐渐缓慢减小。

(2) 在不同激光光斑尺寸辐照烧蚀下，相同激光功率密度对应的冲量耦合系数基本一致，说明在激光大光斑正入射条件下，激光功率密度是影响冲量耦合系数的敏感因素，激光功率密度起主导作用[124]。

4.1.3 小光斑与大光斑辐照冲量特性对比

平面状碎片在激光光斑尺寸辐照影响下的冲量与激光能量的变化关系如图 4.6 所示。可以看出：

(1) 当入射激光能量较小时，相同入射激光能量下大光斑辐照产生的冲量比小光斑辐照的冲量小。因为当入射激光能量一定时，小光斑辐照下靶面的激光功率密度远大于大光斑辐照，由冲量耦合系数主要受激光功率密度影响可知，当入射激光能量较小时，小光斑辐照下靶面的气化和离化喷射强度远大于大光斑辐照，大光斑辐照下靶面烧蚀效率较低导致冲量较低。

(2) 随着入射激光能量增加，大光斑辐照下的冲量逐渐增加，而小光斑辐照下的冲量增速明显减缓。因为随着入射激光能量增加，相同入射激光能量下小光斑辐照光斑面积较小，所以对应的激光功率密度能够较快达到等离子体屏蔽效应的激光功率密度阈值，导致冲量的增速变缓，而此时大光斑辐照下的靶面还没有形成等离子体屏蔽效应。

(3) 当入射激光能量较大时，相同入射激光能量下大光斑辐照产生的冲量比小光斑辐照的冲量大。因为当入射激光能量较大时，大光斑辐照和小光斑辐照下靶面的气化和离化喷射强度基本相同，但是大光斑辐照面积更大，所以形成的总冲量更大。

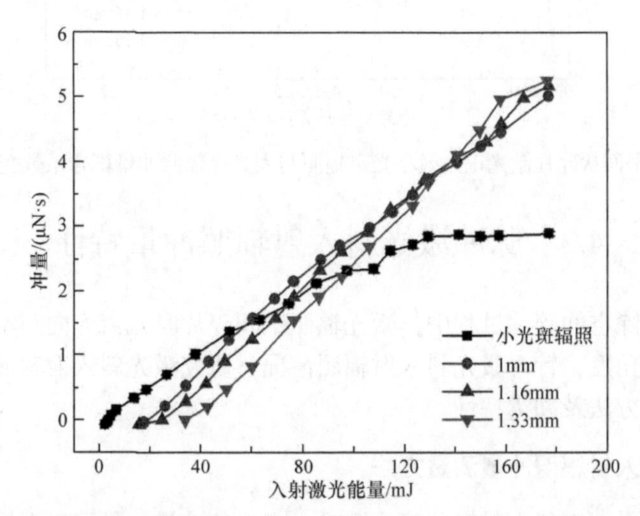

图 4.6　激光正入射小光斑辐照与大光斑辐照平面状碎片的冲量变化曲线

激光功率密度对平面状碎片在激光不同光斑尺寸辐照下的冲量耦合系数影响如图 4.7 所示。由图中曲线可知：

(1) 不同光斑辐照面积下，激光功率密度对冲量耦合系数的影响规律基本一致，表明激光功率密度是影响冲量耦合系数的敏感因素，两者具有很强的相关性。

(2) 在相同的激光功率密度下，大光斑辐照烧蚀下的冲量耦合系数要小于小光斑辐照烧蚀下的冲量耦合系数。原因可能是小光斑辐照烧蚀下的区域可认为是单个面积单元，单个面积单元在真空环境脉冲激光烧蚀下产生的等离子体羽流可认为是无约束自由喷射，实验中采用的激光大光斑辐照面积要大于单个面积单元，此时的辐照烧蚀面积相当于多个小的单个面积单元之和，因此羽流喷射是由多个相互影响、相互干扰的单个面积单元组成，这使得大光斑辐射下的羽流属于有干扰和有约束的喷射，导致激光能量利用效率低，冲量耦合系数较低。

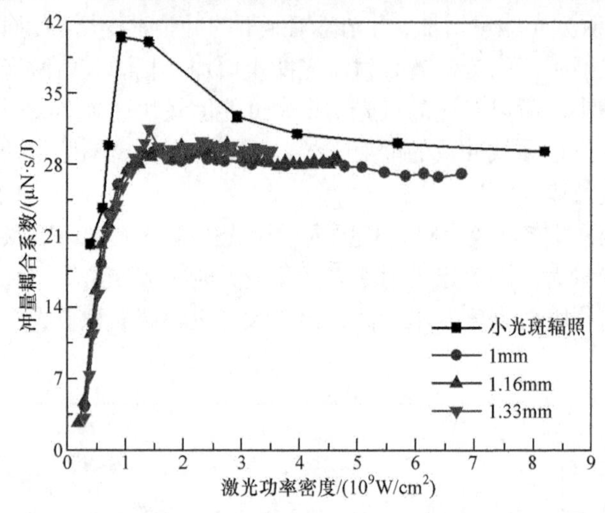

图 4.7　平面状碎片激光正入射小光斑辐照与大光斑辐照冲量耦合系数变化曲线

4.2　脉冲激光斜入射辐照冲量特性

在激光清除空间碎片过程中，激光辐照空间碎片时光束方向与空间碎片之间可能存在一定角度，针对激光斜入射辐照情况，研究激光斜入射辐照冲量测量方法、光斑测量方法及冲量特性。

4.2.1　激光斜入射辐照冲量测量方法

当激光水平面内斜入射辐照碎片靶时，产生的冲量矢量可以根据矢量分解法则进行测量，即分别得到两个互相垂直的冲量分量，对于每一个冲量分量，利用微冲量测量系统分别测量得到，最终的合冲量矢量可由两个相互垂直的冲量分量得到。实验中设计了一种测量空间碎片在脉冲激光斜入射辐照烧蚀下微冲量测量方法，如图 4.8 所示。将激光以一定角度斜入射辐照导致扭摆系统测量的微冲量分解成 x、y 方向，如图 4.8(a)所示。利用扭摆系统测量 x、y 方向的微冲量，通过矢量合成可以得到实际的冲量矢量。具体操作如下：将烧蚀材料通过工装安装在扭摆系统横梁上，扭摆微冲量测量系统如图 4.8(b)所示，碎片材料在激光一定角度辐照烧蚀下产生微冲量，此时根据扭摆系统放置方式得到的是图中 y 方向上的冲量 I_y，在此基础上，激光入射角度保持不变，靶材工装保持相对位置不变，扭摆微冲量测量系统按照如图 4.8(c)所示方式放置，激光烧蚀靶材获得 x 方向上的冲量 I_x，由两个相互垂直的冲量分量得到最终的合冲量矢量。

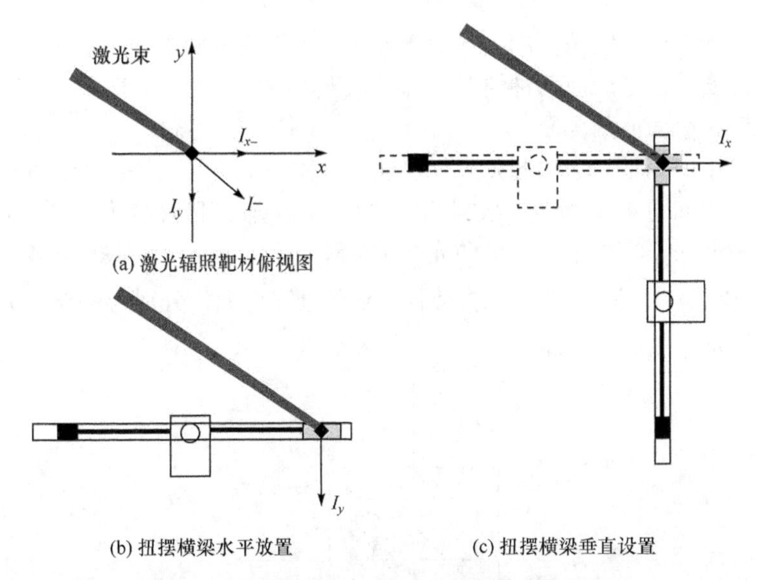

图 4.8　激光斜入射辐照烧蚀下的微冲量测量方法

在实验中为控制激光入射角度，需要设计一套光束折转系统，如图 4.9 所示，通过光学导轨及激光反射镜实现激光入射角度的变化，激光反射镜 M_2 的旋转可通过旋转台实现。激光反射镜 M_1 位置保持不变，用于折转激光器发出的激光束。激光反射镜 M_2 在其水平方向上，其位置可以水平移动，并且在水平移动基础上，通过旋转激光反射镜 M_2 实现折转激光反射镜 M_1 的激光光束，将光束最终射向烧蚀靶材。假设激光反射镜 M_2 与水平方向之间的角度为 β，两个激光反射镜之间的距离为 l_2。由图 4.9 中的几何关系可以得到 $(90°-\gamma)=2(90°-\beta)$ 和 $l_2=l_1\tan\gamma$。因此，通过调整激光反射镜 M_2 的相对旋转角度 β 和间距 l_2，可以在不同角度上实现脉冲激光斜入射辐照靶目标的目的。

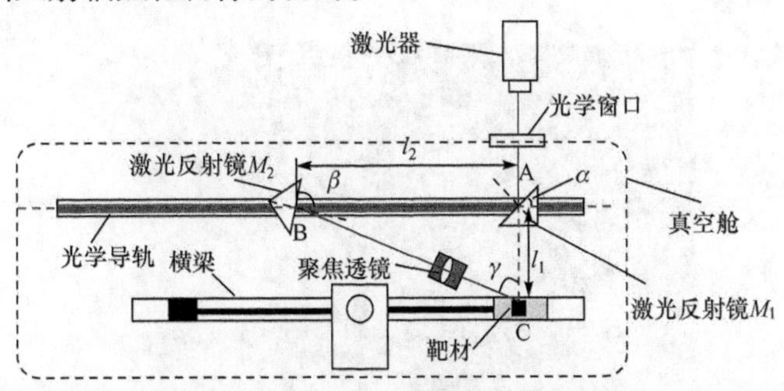

图 4.9　激光斜入射辐照光路设计示意图

4.2.2　激光斜入射辐照光斑测量方法

实验中设计加工了边长为 2mm 的立方体铝质靶材，当激光水平面内斜入射辐照时，激光大光斑辐照作用会导致立方体一个面或者两个面，甚至三个面产生烧蚀喷射。实验中考虑前两种情况，即当水平面内斜入射激光辐照时，立方体受辐照面只有一个面或两个面。

一种简单情况是，当辐照光束仅烧蚀立方体一个面时，烧蚀光束在靶面的光斑几何示意图如图 4.10 所示。根据几何关系，激光辐照区域变为椭圆，椭圆的长轴为 $b = 2r/\cos\theta$。实验中设定的激光烧蚀光斑直径为 1mm，考虑三种典型的激光入射角度 $30°$、$45°$、$60°$，则在立方体面上的烧蚀光斑面积分别为 $9.07\times10^{-3}\text{cm}^2$、$1.22\times10^{-2}\text{cm}^2$、$1.6\times10^{-2}\text{cm}^2$。

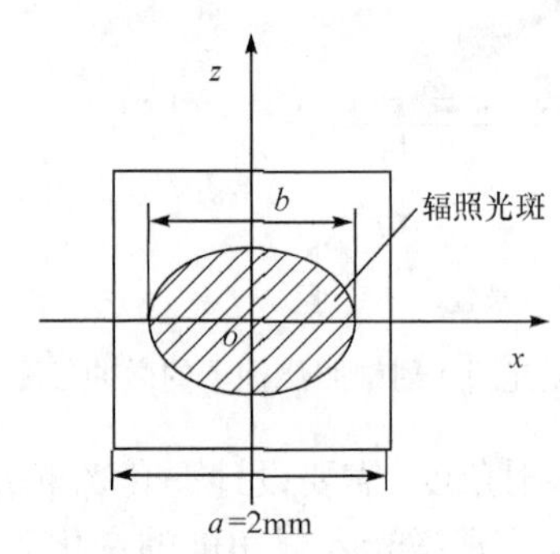

图 4.10　激光斜入射辐照平面状碎片表面的光斑几何示意图

另一种简单情况如图 4.11 所示，实验中设计了激光以 45° 斜入射辐照时的特殊情况，立方体碎片的两个相邻面在水平面内受激光辐照，即两个相邻面上的辐照光斑几何尺寸相同。当入射激光烧蚀光斑直径为 1mm 时，具体如图 4.12 所示，每个面的烧蚀面积为 $6.1\times10^{-3}\text{cm}^2$，每个面上的激光能量为入射激光总能量的 1/2。

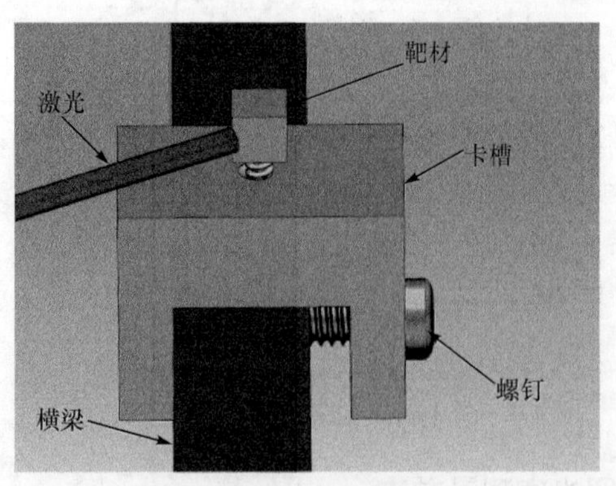

图 4.11　激光 45°斜入射辐照立方体两个相邻面

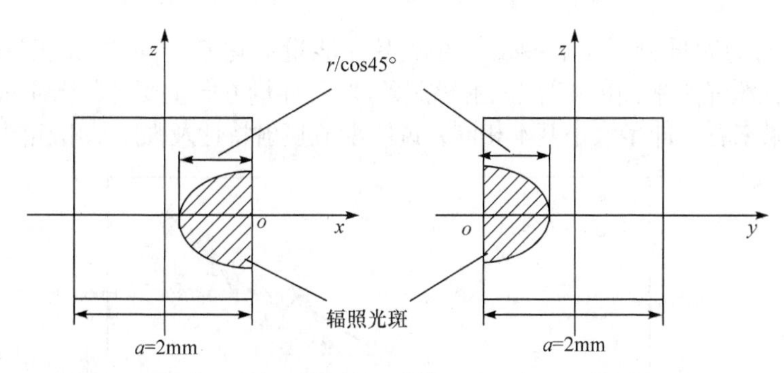

图 4.12　激光 45°斜入射辐照立方体两个相邻面的烧蚀光斑尺寸

4.2.3　激光斜入射冲量特性

根据前面介绍的测量方法，基于扭摆微冲量测量系统，实验获得立方体仅有一个面激光辐照下的微冲量特性，即当激光斜入射大光斑辐照平面状碎片时，可以得到某一个面的法向(定义为 x 方向)冲量大小，以及垂直于该面的法向(定义为 y 方向)冲量大小随入射激光能量变化曲线，具体如图 4.13 所示。可以看出：①在不同的激光入射角度下，仅有沿辐照面法向即 x 方向的冲量，烧蚀产生的喷射羽流主要沿垂直于靶面的方向，这是由于与铝质材料作用的激光为纳秒脉冲激光，烧蚀作用主要集中在靶面极小的材料厚度内，烧蚀尺度为微米量级，一般称为面吸收机制[112]，这与第 3 章激光斜入射平面靶羽流喷射的结论相同；②激光斜入射辐照下，羽流喷射方向垂直于靶面方向，即 y 方向的冲量矢量基本相同，且冲量大小与激光垂直靶面入射下的结果基本一致，表明在实验选定的激光参数、光斑参数等条件下，随着入射角度的变化，斜入射角度不会改变冲量的大小。

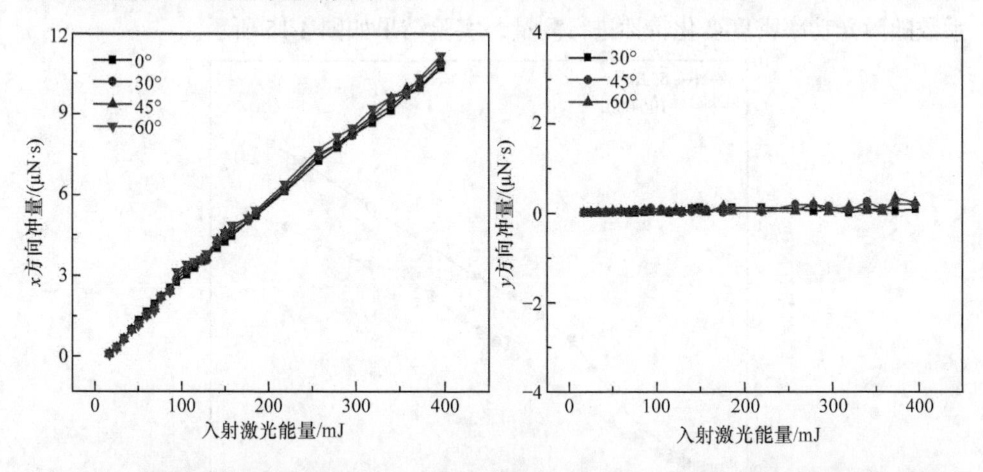

图 4.13　不同斜入射角度下激光大光斑辐照平面铝质碎片的冲量随入射激光能量变化曲线

进一步测量得到激光 45° 斜入射大光斑辐照立方体两个相邻面时，激光能量对 x 方向和 y 方向冲量的影响，如图 4.14 所示。可以看出，在两个垂直于各自靶面方向的冲量分量上，冲量特性随激光能量变化基本一致，说明立方体两个相邻面在激光水平面内45°斜入射辐照条件下，冲量方向主要沿着烧蚀面的法向，从测量结果来看，冲量大小基本相同，说明羽流喷射特性及强度基本相同。

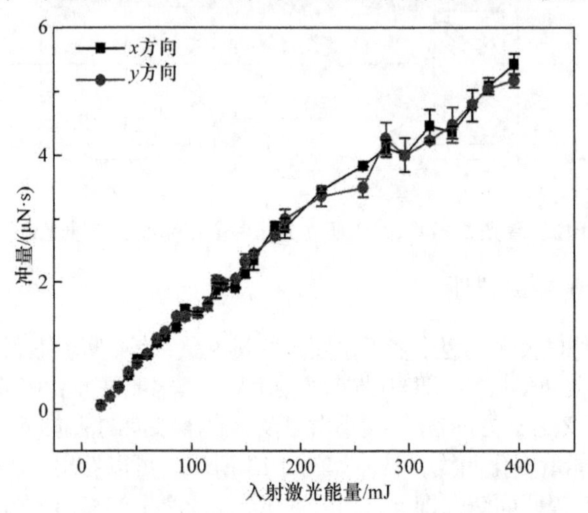

图 4.14　激光水平面内以 45°斜入射辐照立方体两个相邻面时冲量随入射激光能量变化

4.3　激光波长对冲量特性的影响

实验以 1.33mm 烧蚀光斑直径为例，对 532nm 和 1064nm 两种激光波长下，纳秒脉冲激光正入射大光斑辐照平面状碎片冲量随入射激光能量，以及冲量耦合系数随激光功率密度变化特性进行测量，实验结果如图 4.15 所示。

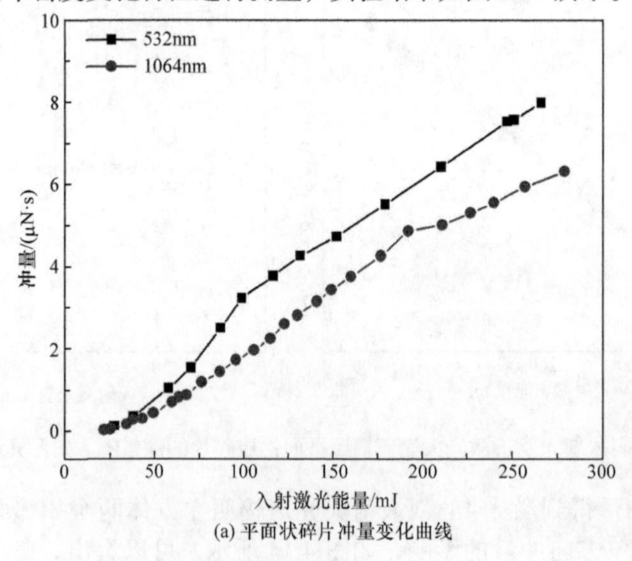

(a) 平面状碎片冲量变化曲线

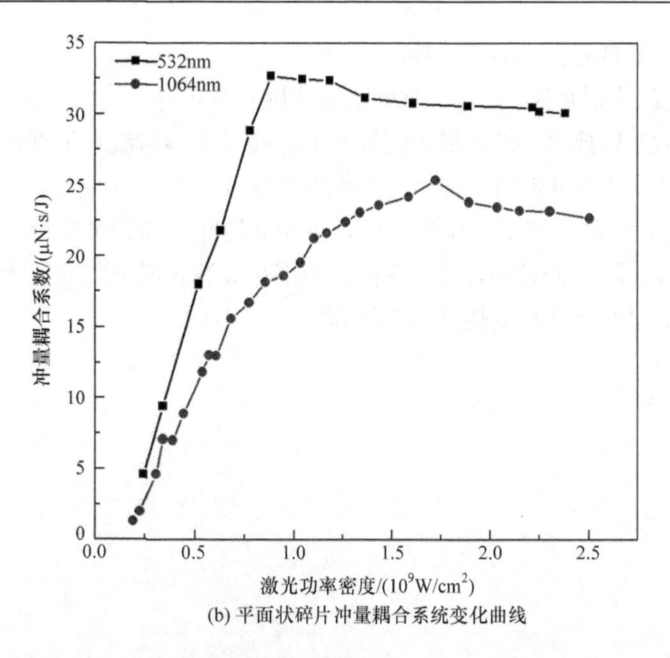

(b) 平面状碎片冲量耦合系统变化曲线

图 4.15　激光波长影响下冲量和冲量耦合系数分别随入射激光能量、激光功率密度变化曲线

由图4.15可以看出，在短波长激光辐照下，冲量和冲量耦合系数数值均较大，说明短波长激光不仅可以提高冲量，而且可增大冲量耦合系数。其原因是短波长激光的光子能量更高，这导致了与靶能量耦合之后的烧蚀效率提高。该结论与激光小光斑辐照下波长影响规律和机制相同[125,126]。此外，短波长激光辐照下的最佳冲量耦合系数对应的激光功率密度较低，说明短波长激光在较低的激光功率密度下，即可提高烧蚀效率，获得较优的冲量耦合系数。

4.4　小　　结

本章对纳秒脉冲激光烧蚀典型铝质空间碎片微冲量特性开展了实验测量，首先由激光正入射辐照微冲量特性着手，研究小光斑辐照与大光斑辐照的异同；在此基础上，建立激光斜入射辐照冲量测量方法，开展典型激光斜入射角度下的微冲量实验；最后针对激光波长对冲量耦合特性的影响开展研究。

(1) 当入射激光能量较小时，相同入射激光能量下大光斑辐照产生的冲量比小光斑辐照产生的冲量小。随着入射激光能量增加，大光斑辐照下的冲量逐渐增加，而小光斑辐照下的冲量增速明显减缓。不同光斑辐照面积下，激光功率密度对冲量耦合系数的影响规律基本一致，激光功率密度是影响冲量耦合系数变化的敏感因素，两者具有很强的相关性。

(2) 激光斜入射辐照下，可通过测量微冲量分量获得总的微冲量特性。实验结果表明，在激光以典型 45°入射角度辐照下，冲量大小与激光垂直靶面入射下的结果基本一致，表明 45° 斜入射角度条件不会显著改变冲量的大小。

(3) 激光大光斑辐照下，短波长激光条件下的冲量和冲量耦合系数数值均较大，说明短波长激光冲量耦合效率更高，原因是短波长激光的光子能量更高，这导致了与靶能量耦合之后的烧蚀效率提高。

第 5 章　纳秒脉冲激光辐照典型形状碎片冲量特性

激光清除空间碎片利用的是高能脉冲激光烧蚀固体靶材的冲量耦合效应，脉冲激光辐照下空间碎片获得的反冲冲量决定其速度增量，从而影响碎片轨道速度变化。对于不同形状的空间碎片，激光辐照下的反冲冲量会随着碎片形状的不同而变化。本章首先介绍基于曲面积分的激光辐照典型形状空间碎片冲量矢量基本模型；其次通过激光大光斑辐照实验结果，验证模型的合理性；最后根据 NASA 对空间碎片形状的基本划分[94]，介绍激光全辐照下球体、圆柱体、长方体、半球体碎片的冲量特性。

5.1　激光辐照典型形状空间碎片冲量矢量基本模型

对于激光垂直辐照平板材料表面，在单脉冲激光作用下，激光能量密度为 F(J/m^2)，辐照横截面积为 A，单脉冲激光能量为 $E=FA$，冲量耦合系数为

$$C_m = \frac{m\Delta v}{FA} \tag{5-1}$$

单脉冲激光作用下获得的冲量为

$$m\Delta v = C_m FA \tag{5-2}$$

根据第 3 章和第 4 章研究结论，在一定的激光入射范围内，等离子体烧蚀反喷方向基本沿着烧蚀平面法向，冲量方向为靶面法向。文献[127]则给出了更为一般的结论：当超短脉冲激光辐照靶材时，不论激光入射方向如何，烧蚀反喷方向始终沿着烧蚀平面法向，即烧蚀反喷对激光入射角度不敏感。基于此，本节建立激光辐照不规则空间碎片反冲冲量基本模型。

如图 5.1 所示，对于给定的面积微元 $\mathrm{d}A$，激光入射方向单位矢量为 $\boldsymbol{e}$，烧蚀反喷方向单位矢量为 $\boldsymbol{n}$ (沿着 $\mathrm{d}A$ 法向)，反喷冲量矢量为 $\mathrm{d}\boldsymbol{I}$ (方向为 $\boldsymbol{n}$ 的反方向)，激光辐照下面积微元 $\mathrm{d}A$ 上产生的冲量大小为

$$\left|\mathrm{d}\boldsymbol{I}\right| = -C_m F \cos(\boldsymbol{e},\boldsymbol{n})\mathrm{d}A \tag{5-3}$$

在面积微元 $\mathrm{d}A$ 上，烧蚀反喷冲量矢量为

$$\mathrm{d}\boldsymbol{I} = -\left|\mathrm{d}\boldsymbol{I}\right|\boldsymbol{n} = \left[C_m F \cos(\boldsymbol{e},\boldsymbol{n})\mathrm{d}A\right]\boldsymbol{n} \tag{5-4}$$

在给定的 $Oxyz$ 坐标系中，单位矢量 $\boldsymbol{e}=(e_x,e_y,e_z)$ 和 $\boldsymbol{n}=(n_x,n_y,n_z)$，则有

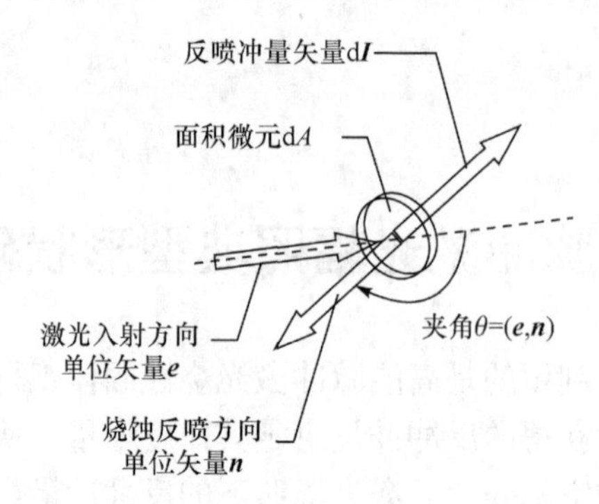

图 5.1　烧蚀反喷示意图

$$\begin{cases} \mathrm{d}I_x = (e_x n_x + e_y n_y + e_z n_z) n_x C_m F \mathrm{d}A \\ \mathrm{d}I_y = (e_x n_x + e_y n_y + e_z n_z) n_y C_m F \mathrm{d}A \\ \mathrm{d}I_z = (e_x n_x + e_y n_y + e_z n_z) n_z C_m F \mathrm{d}A \end{cases} \tag{5-5}$$

激光辐照任意曲面 A 上产生的单脉冲冲量为

$$I_x = \iint_A \mathrm{d}I_x \text{，} \quad I_y = \iint_A \mathrm{d}I_y \text{，} \quad I_z = \iint_A \mathrm{d}I_z \tag{5-6}$$

式中，积分是激光辐照曲面 A 上的曲面积分。逐片光滑曲面 A：$z=z(x,y)$为单值连续可微函数，函数 $f(x,y,z)$在曲面 A 的各点有定义并连续，则曲面积分为

$$\iint_A f(x,y,z)\mathrm{d}A = \iint_\sigma f[x,y,z(x,y)]\sqrt{1+\left(\frac{\partial z}{\partial x}\right)^2+\left(\frac{\partial z}{\partial y}\right)^2}\,\mathrm{d}x\mathrm{d}y \tag{5-7}$$

式中，σ 为曲面 A 在 Oxy 坐标面上的投影，此积分与曲面 A 法向无关。

根据动量定理，在单脉冲激光作用下，碎片质心速度增量为

$$m\Delta v_{Ci} = I_i, \quad i = x,y,z \tag{5-8}$$

式中，m 为空间碎片质量；Δv_{Ci} 为沿着 i 轴的碎片质心速度增量。

5.2　激光大光斑辐照典型形状空间碎片冲量模型验证

基于脉冲激光烧蚀冲量耦合特性，根据建立的激光辐照典型形状空间碎片冲量基本模型，通过选取两种典型的半球形靶和楔形靶形状铝质碎片，利用实验验证激光大光斑辐照下计算模型的合理性。

5.2.1　激光辐照半球形铝靶冲量特性验证

1. 激光辐照半球形铝靶冲量特性

图 5.2 是直径为 3mm 的球形铝靶示意图，实验测得入射激光在球形铝靶顶

点处的光斑直径为 0.8mm，通过曲面积分计算出球形靶面受辐照区域面积为 $5.049\times10^{-3}cm^2$。将真空舱抽至 20Pa，通过微冲量测量系统，实验获得了不同激光能量下脉冲激光烧蚀球形铝靶引起的扭摆系统振动梁角位移，通过冲量计算模型获得对应的冲量、冲量耦合系数在不同激光功率密度下的变化情况。

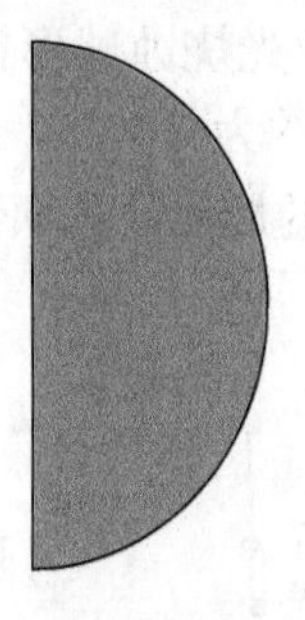

图 5.2　球形铝靶示意图

为便于比较，选取同样条件下的平面铝靶作为对比，激光烧蚀球形铝靶与平面铝靶的冲量随激光能量变化曲线如图 5.3 所示。可以看出，激光烧蚀球形铝靶和平面铝靶产生的冲量随激光能量的变化趋势基本相同，冲量均随着激光能量的增加而增大，且增幅减缓；相同激光能量下，激光烧蚀球形铝靶产生的冲量比平面铝靶产生的冲量小。

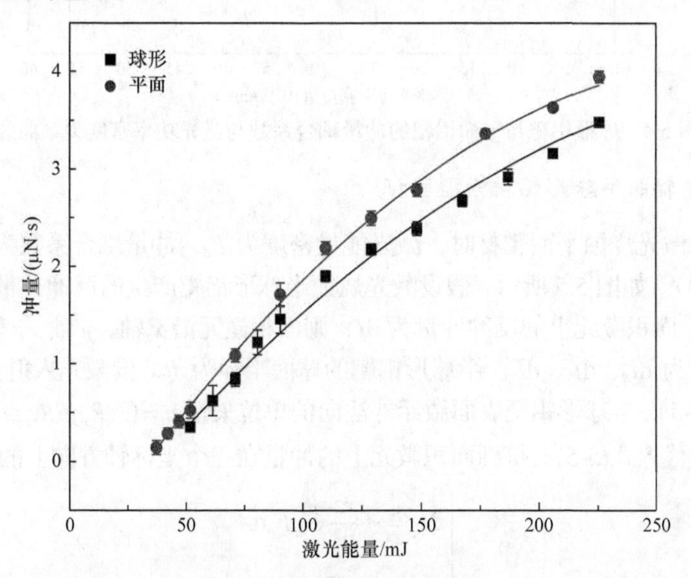

图 5.3　球形铝靶与平面铝靶的冲量随激光能量变化曲线

图 5.4 是实验获得的激光烧蚀球形铝靶和平面铝靶的冲量耦合系数随激光功率密度变化曲线。从图 5.4 中可以看出，激光烧蚀球形铝靶和平面铝靶的冲量耦合系数随激光功率密度的变化趋势基本相同，冲量耦合系数先随着激光功率密度的增加而迅速增大，当激光功率密度增加到一定值时，冲量耦合系数达到最大值；之后随着激光功率密度的增大，激光烧蚀球形铝靶和平面铝靶的冲量耦合系数减小；球形铝靶的最优冲量耦合系数约为 17.5μN · s/J，平面铝靶的最优冲量耦合系数约为 20μN · s/J，激光烧蚀球形铝靶的最优冲量耦合系数比激光烧蚀平面铝靶的略小。

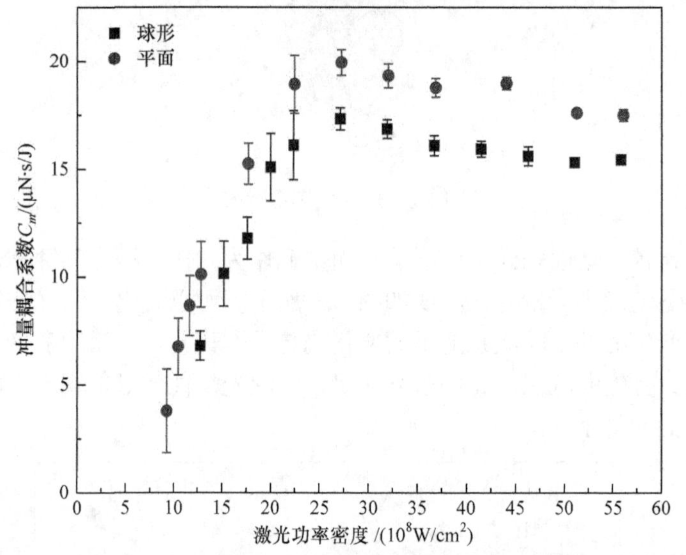

图 5.4　球形铝靶与平面铝靶的冲量耦合系数与激光功率密度关系曲线

2. 激光辐照半球形铝靶模型验证

当脉冲激光烧蚀平面靶材时，激光能量密度为 E_e，冲量耦合系数为 C_m，激光光斑半径为 r。如图 5.5 所示，假设激光烧蚀半球形铝靶产生的反冲冲量为 $\boldsymbol{I}$，面积微元为 dA，面积微元上的反冲冲量为 d$\boldsymbol{I}$，则面积微元沿 x 轴、y 轴、z 轴反冲冲量的分量分别为 dI_x、dI_y、dI_z。半球形铝靶的球面半径为 R，设激光入射方向单位矢量 $\boldsymbol{e}=(0,0,-1)$，半球形铝靶表面微元外法向的单位矢量 $\boldsymbol{n}=(x/R, y/R, z/R)$。将这两个单位矢量代入式(5-5)，得到面积微元上的冲量在三个坐标轴方向上的分量。

$$\begin{cases} \mathrm{d}I_x = -\dfrac{xz}{R^2}C_m E_e \mathrm{d}A \\ \mathrm{d}I_y = -\dfrac{yz}{R^2}C_m E_e \mathrm{d}A \\ \mathrm{d}I_z = -\dfrac{z^2}{R^2}C_m E_e \mathrm{d}A \end{cases} \tag{5-9}$$

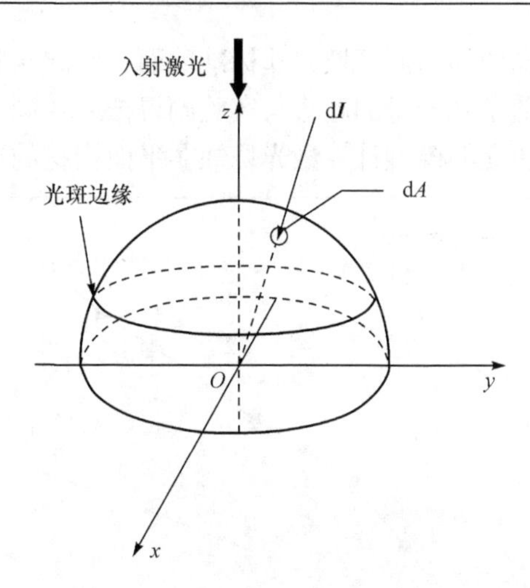

图 5.5　脉冲激光烧蚀半球形铝靶示意图

激光光斑在 Oxy 坐标面的投影区域为 $x^2+y^2 \leqslant r^2$，将其转化为极坐标，则半球形铝靶表面微元进行曲面积分后得到的冲量在三个坐标轴方向上的分量为

$$\begin{cases} I_x = \iint \mathrm{d}I_x = -\dfrac{C_m E_e}{R}\displaystyle\int_0^{2\pi}\cos\theta \mathrm{d}\theta \int_0^r r^3 \mathrm{d}r \\ I_y = \iint \mathrm{d}I_y = -\dfrac{C_m E_e}{R}\displaystyle\int_0^{2\pi}\sin\theta \mathrm{d}\theta \int_0^r r^3 \mathrm{d}r \\ I_z = \iint \mathrm{d}I_z = -\dfrac{C_m E_e}{R}\displaystyle\int_0^{2\pi}\mathrm{d}\theta \int_0^r \sqrt{R^2-r^2}\,\mathrm{d}r \end{cases} \tag{5-10}$$

计算得到

$$\begin{aligned} & I_x = I_y = 0 \\ & I_z = -\frac{2\pi}{3}\frac{C_m E_e}{R}\left[R^3-\left(R^2-r^2\right)^{\frac{3}{2}}\right] \end{aligned} \tag{5-11}$$

即激光光斑直径为 2r、脉冲激光烧蚀半径为 R 的半球形铝靶产生的总冲量为

$$I_z = -\frac{2\pi}{3}\frac{C_m E_e}{R}\left[R^3-\left(R^2-r^2\right)^{\frac{3}{2}}\right] \tag{5-12}$$

式中，C_m 为激光烧蚀平面靶材的冲量耦合系数；E_e 为激光能量密度。

将第 4 章激光小光斑辐照平面靶的冲量耦合系数，以及 R=3mm、r=0.4mm 代入式(5-12)，求得脉冲激光烧蚀半球形铝靶的冲量模型计算结果，结合实验测得的冲量与激光能量，获得激光烧蚀冲量与激光能量的关系，如图 5.6 所示。对比图 5.6 中模型计算结果和实验结果可以发现，模型计算结果的冲量变化趋势与实验结果相同，但模型计算得到的冲量比实验结果小。这是由于加工精度、靶面粗糙度等因素影响，实际受辐照的曲面区域并非标准球面，因此实验测量的冲量偏大，但模型计算得到冲量随激光能量的趋势与实验测得结果相同，尤其在较低激光能量下误差较小，说明建立的模型计算激光烧蚀非平面靶材的冲量特性是可行的。

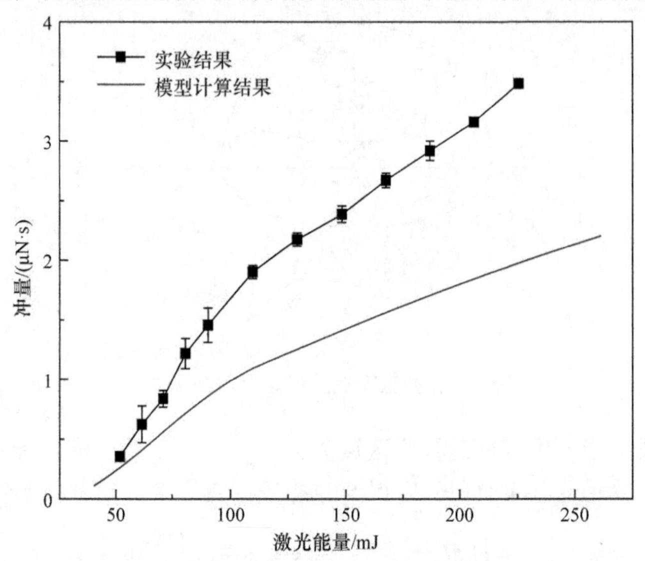

图 5.6 激光烧蚀半球形铝靶的冲量模型计算结果与实验结果

5.2.2 激光辐照楔形铝靶冲量特性验证

1. 激光辐照楔形铝靶冲量特性

实验设计的楔形铝靶如图 5.7 所示，楔形铝靶由正三菱柱和长方体组成，正三菱柱的一个面与长方体的一个面相接，整体采用切铝合金块加工。

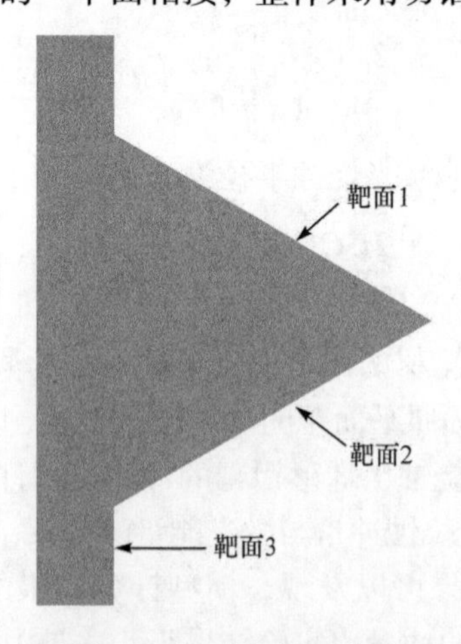

图 5.7 楔形铝靶示意图

脉冲激光正入射辐照楔形铝靶，激光沿靶面 3 的法向入射。激光光束在楔形铝靶顶点处的直径约为 0.8mm。实验采用的楔形铝靶靶面 1 与靶面 2 之间的夹角为 60°，根据投影关系，圆形光斑在斜面上的投影为椭圆形，可以计算出光束在靶面 1 和靶面 2 的烧蚀光斑面积总和为 $1.005\times10^{-2}\text{cm}^2$。为便于比较，选取同样条件下的平面铝靶作为对比，激光烧蚀楔形铝靶与平面铝靶的冲量随激光能量变化曲线如图 5.8 所示。从图中可以发现，激光烧蚀楔形铝靶产生的冲量随入射激光能量增大而增大，而冲量增幅减缓，与平面铝靶冲量随激光能量变化趋势相同。但与平面铝靶不同的是：在相同激光能量下，激光烧蚀楔形铝靶产生的冲量比平面铝靶小。

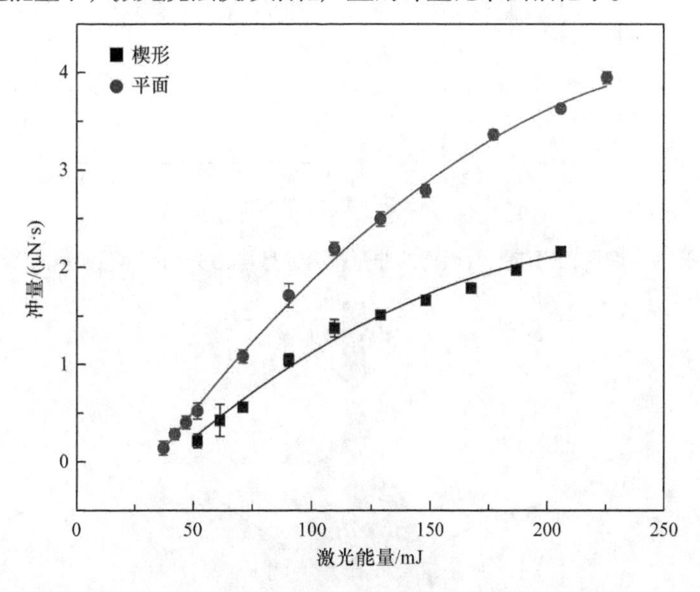

图 5.8　激光烧蚀楔形铝靶与平面铝靶的冲量随激光能量变化曲线

根据实验测量结果得到楔形铝靶与平面铝靶的冲量耦合系数随激光功率密度变化曲线，如图 5.9 所示。从图中可以看出，激光烧蚀楔形铝靶和平面铝靶的冲量耦合系数随激光功率密度的变化趋势基本相同，冲量耦合系数先随着激光功率密度的增大而急剧增大，之后随着激光功率密度的增大而逐渐减小，存在最优冲量耦合系数。

2. 激光辐照楔形铝靶模型验证

设当脉冲激光烧蚀平面靶材时，激光能量密度为 E_e，冲量耦合系数为 C_m，激光光斑半径为 r。相同条件下，激光烧蚀楔形铝靶产生的等离子体羽流对靶面的冲量如图 5.10 所示。激光入射方向的单位矢量为 $\boldsymbol{e}$，靶面 1 内法向的单位矢量为 $\boldsymbol{n}_1$，靶面 2 内法向的单位矢量为 $\boldsymbol{n}_2$。根据式(5-5)得到两个靶面上微元的冲量 $\mathrm{d}I_1$、$\mathrm{d}I_2$ 分别为

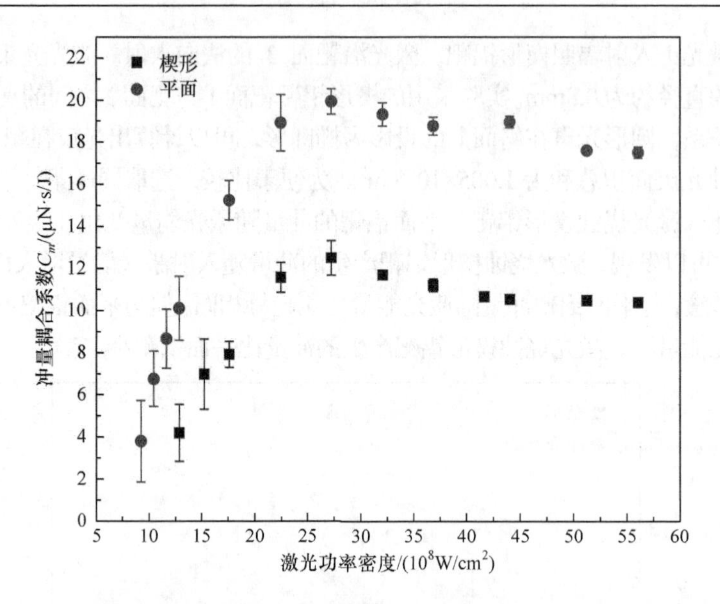

图 5.9　楔形铝靶与平面铝靶的冲量耦合系数随激光功率密度变化曲线

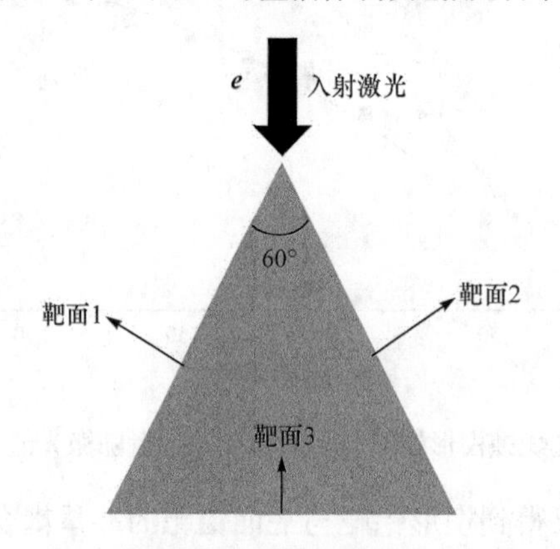

图 5.10　激光烧蚀楔形铝靶的冲量示意图

$$\begin{cases} \mathrm{d}I_1 = C_m E_e \cos(\boldsymbol{e}, \boldsymbol{n}_1)|\boldsymbol{n}_1|\mathrm{d}A_1 = C_m E_e \cos 60^\circ |\boldsymbol{n}_1|\mathrm{d}A_1 \\ \mathrm{d}I_2 = C_m E_e \cos(\boldsymbol{e}, \boldsymbol{n}_2)|\boldsymbol{n}_2|\mathrm{d}A_2 = C_m E_e \cos 60^\circ |\boldsymbol{n}_2|\mathrm{d}A_2 \end{cases} \tag{5-13}$$

激光辐照靶面区域积分为

$$\begin{cases} I_1 = \iint\limits_{A_1} \mathrm{d}I_1 = \dfrac{1}{2} C_m E_e \iint\limits_{A_1} \mathrm{d}A_1 \\ I_2 = \iint\limits_{A_2} \mathrm{d}I_2 = \dfrac{1}{2} C_m E_e \iint\limits_{A_2} \mathrm{d}A_2 \end{cases} \tag{5-14}$$

由投影关系可知，圆形的激光光斑在靶面投影为椭圆，若投影面和光斑平面

的夹角为 θ，则椭圆的长半轴 $a=r/\cos\theta$，短半轴 $b=r$，面积 $S=\pi ab=\pi r^2/\cos\theta$。楔形铝靶靶面 1、靶面 2 的烧蚀光斑面积 A_1、A_2 为

$$A_1=A_2=\frac{1}{2}\pi\frac{r}{\cos 60^\circ}r=\pi r^2 \tag{5-15}$$

则式(5-14)的计算结果为

$$\begin{cases} I_1=\dfrac{1}{2}C_m E_e A_1=\dfrac{1}{2}C_m E_e \pi r^2 \\ I_2=\dfrac{1}{2}C_m E_e A_2=\dfrac{1}{2}C_m E_e \pi r^2 \end{cases} \tag{5-16}$$

脉冲激光烧蚀楔形铝靶的冲量 I 为

$$I=\left|I_1\boldsymbol{n}_1+I_2\boldsymbol{n}_2\right| \tag{5-17}$$

式中，C_m 为激光烧蚀平面靶材的冲量耦合系数；E_e 为激光能量密度。

将第 4 章激光小光斑辐照对应的冲量耦合系数代入式(5-16)，求得脉冲激光烧蚀楔形铝靶的冲量模型计算结果，结合实验测得的冲量与激光能量，得到冲量随激光能量变化的实验结果与模型计算结果，如图 5.11 所示。

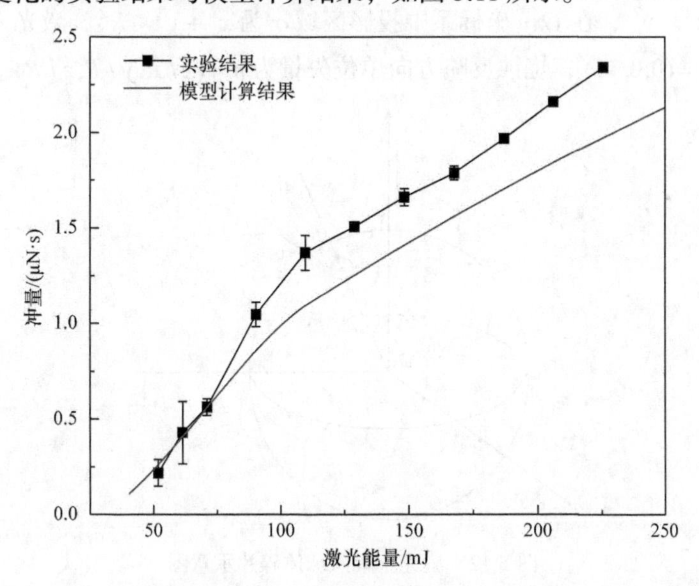

图 5.11　激光烧蚀楔形铝靶冲量实验结果与模型计算结果

对比图 5.11 中实验结果和模型计算结果可以发现，模型计算结果的冲量变化趋势与实验结果相同，但是通过模型计算得到的冲量比实验结果小。这是由于加工精度、靶面粗糙度等因素影响，实验测量的冲量偏大，但模型计算得到冲量随激光能量的趋势与实验结果相同，尤其在较低激光能量下误差较小，说明建立的

模型计算激光烧蚀非平面靶材的冲量特性是可行的。

5.3 激光全辐照典型形状空间碎片冲量特性分析

在激光清除空间碎片过程中，由于针对的碎片尺寸类型为厘米级，因此除激光大光斑辐照空间碎片外，也存在远场激光光束直径大于厘米级碎片尺寸的情况，碎片是在激光全辐照情况下获得反冲冲量。例如，ORION 计划中地基激光发射口径达到 6m、CLEANSPACE[128]计划中地基激光发射口径也要大于 4m，在近地轨道的远场激光光斑尺寸为几十厘米级。因此，有必要研究激光全覆盖辐照不规则空间碎片的冲量特性。

5.3.1 激光全辐照球体碎片冲量特性分析

如图 5.12 所示，坐标原点在质心，z 轴方向为激光辐照方向的反方向，建立 $Oxyz$ 坐标系。设激光全辐照球体碎片时，被辐照表面 A 的曲面方程为 $z=\sqrt{R^2-x^2-y^2}$，在 Oxy 坐标系中投影区域 σ 为 $x^2+y^2\leqslant R^2$，激光入射方向单位矢量为 $\boldsymbol{e}=(0,0,-1)$，烧蚀反喷方向单位矢量为 $\boldsymbol{n}=(x/R,y/R,z/R)$。

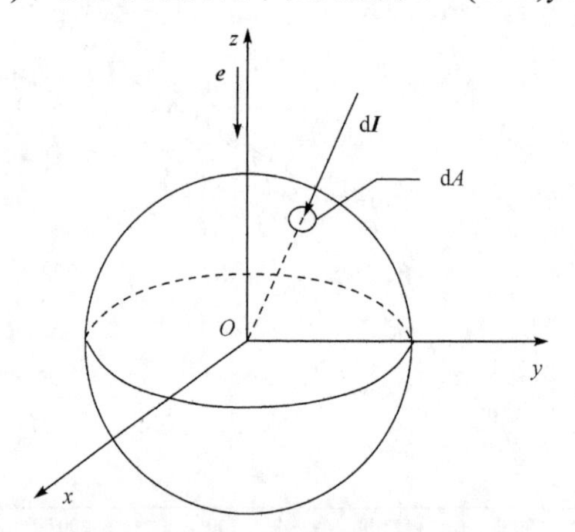

图 5.12 激光全辐照球体碎片示意图

面积微元 dA 的冲量分量为

$$\mathrm{d}I_x=-n_z n_x C_m F\mathrm{d}A=-\frac{xz}{R^2}C_m F\mathrm{d}A \tag{5-18}$$

$$\mathrm{d}I_y=-n_z n_y C_m F\mathrm{d}A=-\frac{yz}{R^2}C_m F\mathrm{d}A \tag{5-19}$$

$$dI_z = -n_z n_z C_m F dA = -\frac{z^2}{R^2} C_m F dA \tag{5-20}$$

并且

$$dA = \sqrt{1 + \left(\frac{\partial z}{\partial x}\right)^2 + \left(\frac{\partial z}{\partial y}\right)^2} dxdy = \frac{R}{\sqrt{R^2 - x^2 - y^2}} dxdy \tag{5-21}$$

在 Oxy 坐标系中投影区域 σ 为 $x^2 + y^2 \leqslant R^2$，利用极坐标 $x = r\cos\varphi$ 和 $y = r\sin\varphi$，投影区域 σ 为 $x^2 + y^2 \leqslant R^2$ 表示为 $0 \leqslant r \leqslant R$ 和 $0 \leqslant \varphi \leqslant 2\pi$，可得单脉冲冲量为

$$I_x = -C_m F \frac{1}{R} \int_0^{2\pi} \left(\int_0^R r^2 dr \right) \cos\varphi d\varphi = 0 \tag{5-22}$$

$$I_y = -C_m F \frac{1}{R} \int_0^{2\pi} \left(\int_0^R r^2 dr \right) \sin\varphi d\varphi = 0 \tag{5-23}$$

$$I_z = -C_m F \frac{1}{R} \int_0^{2\pi} \left(\int_0^R \sqrt{R^2 - r^2} r dr \right) d\varphi = -\frac{2}{3} C_m \pi R^2 F \tag{5-24}$$

式中，负号表明冲量 I_z 方向与 z 轴方向相反，即与激光辐照方向相同。

由式(5-24)的计算结果可以看出，当激光垂直辐照平板时，单脉冲冲量最大为 $m\Delta v = C_m FA$。因此，当激光辐照球体碎片时，单脉冲冲量为垂直辐照平板材料的2/3(相同横截面面积)。

激光辐照方向的横截面面积为

$$A_\perp = \iint_A n_z dA = \iint_\sigma dxdy = \pi R^2 \tag{5-25}$$

激光辐照下球体的实际辐照面积为 $A_i = 2\pi R^2$，说明受球体几何形状影响，横截面面积只有辐照面积的 $1/2$，并且注入球体激光能量为 $E_\perp = FA_\perp = F\pi R^2$。

激光所产生的冲量大小为

$$|I_z| = \frac{2}{3} C_m F \pi R^2 \tag{5-26}$$

说明注入球体激光能量 $E_\perp = FA_\perp = F\pi R^2$ 中，产生冲量的有效能量为 $E_e = FA_e = (2/3)F\pi R^2$，即产生冲量的有效面积为 $A_e = (2/3)\pi R^2$，其余 $(1/3)F\pi R^2$ 的能量所产生的冲量相互抵消(如 x 轴和 y 轴方向冲量)。

球体碎片的体积和质量分别为

$$V = \frac{4}{3}\pi R^3, \quad m = \frac{4}{3}\pi R^3 \rho \tag{5-27}$$

式中，ρ 为碎片材料的密度。碎片的速度增量为

$$\Delta v_{Cz}=\frac{-\dfrac{2}{3}C_m\pi R^2F}{\dfrac{4}{3}\pi R^3\rho}=-\frac{1}{2R\rho}C_mF \tag{5-28}$$

5.3.2 激光全辐照圆柱体碎片冲量特性分析

设圆柱体的底面半径为 R，高度为 H。如图 5.13 所示，原点为质心，z 轴为圆柱体的轴线，激光辐照方向在 y 轴和 z 轴确定的平面内，建立 $Oxyz$ 坐标系。此时，激光辐照方向与 xOz 平面的夹角为 θ，即激光辐照方向与圆柱体轴向夹角为 θ，单位矢量 $\boldsymbol{e}=(0,\sin\theta,\cos\theta)$ 。

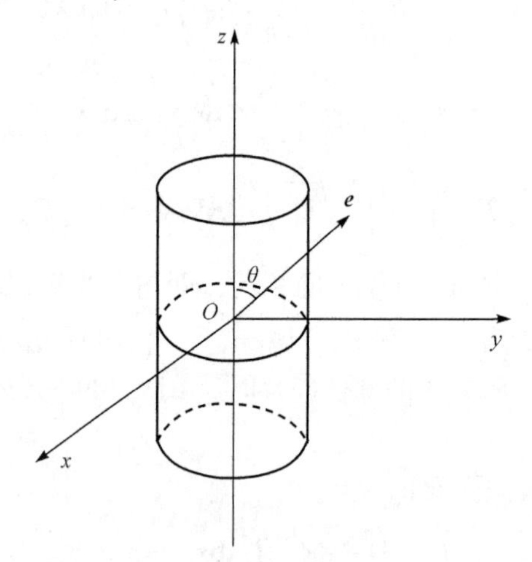

图 5.13 激光全辐照圆柱体碎片示意图

当激光全辐照圆柱体碎片时，在任意辐照角度下，激光束能够覆盖的圆柱体表面包含圆柱体侧面和一个顶面(或底面)。因此，单脉冲冲量可由这两部分矢量合成得到，即首先计算每一部分的冲量，最后进行冲量矢量合成。

1. 激光全辐照圆柱体碎片侧面分析

圆柱体侧面法向单位矢量为 $\boldsymbol{n}=(x/R,y/R,0)$ ，侧面方程为 $y=-\sqrt{R^2-x^2}$ ，在 Oxz 平面投影区域为 $-R\leqslant x\leqslant R$ 和 $-H/2\leqslant z\leqslant H/2$ 。

面积微元 dA 的冲量为

$$\mathrm{d}I_x=e_yn_yn_xC_mF\mathrm{d}A=\sin\theta\frac{xy}{R^2}C_mF\mathrm{d}A \tag{5-29}$$

$$\mathrm{d}I_y = e_y n_y n_y C_m F\mathrm{d}A = \sin\theta \frac{y^2}{R^2} C_m F\mathrm{d}A \tag{5-30}$$

$$\mathrm{d}I_z = e_y n_y n_z C_m F\mathrm{d}A = 0 \tag{5-31}$$

$$\mathrm{d}A = \sqrt{1+\left(\frac{\partial y}{\partial x}\right)^2+\left(\frac{\partial y}{\partial z}\right)^2}\,\mathrm{d}x\mathrm{d}z = \frac{R}{\sqrt{R^2-x^2}}\mathrm{d}x\mathrm{d}z \tag{5-32}$$

圆柱体碎片侧面单脉冲冲量为

$$I_x = \sin\theta C_m F\int_{-H/2}^{H/2}\left(\int_{-R}^{R}\frac{-x}{R}\mathrm{d}x\right)\mathrm{d}z = 0 \tag{5-33}$$

$$I_y = \sin\theta C_m F\int_{-H/2}^{H/2}\left(\int_{-R}^{R}\frac{\sqrt{R^2-x^2}}{R}\mathrm{d}x\right)\mathrm{d}z = \frac{\pi}{2}\sin\theta C_m FHR \tag{5-34}$$

$$I_z = 0 \tag{5-35}$$

2. 激光全辐照圆柱体碎片顶面分析

圆柱体顶面法向单位矢量为$\boldsymbol{n}=(0,0,1)$，顶面方程为$z=H/2$，在Oxy平面投影区域为$x^2+y^2\leqslant R^2$，利用极坐标$x=r\cos\alpha$和$y=r\sin\alpha$，投影区域σ为$x^2+y^2\leqslant R^2$表示为$0\leqslant r\leqslant R$和$0\leqslant\alpha\leqslant 2\pi$。

面积微元$\mathrm{d}A$的冲量为

$$\mathrm{d}I_x = 0 \tag{5-36}$$

$$\mathrm{d}I_y = 0 \tag{5-37}$$

$$\mathrm{d}I_z = e_z n_z n_z C_m F\mathrm{d}A = \cos\theta C_m F\mathrm{d}A \tag{5-38}$$

$$\mathrm{d}A = \sqrt{1+\left(\frac{\partial z}{\partial x}\right)^2+\left(\frac{\partial z}{\partial y}\right)^2}\,\mathrm{d}x\mathrm{d}y = \mathrm{d}x\mathrm{d}y \tag{5-39}$$

圆柱体碎片顶面单脉冲冲量为

$$\begin{cases} I_x = 0 \\ I_y = 0 \\ I_z = \cos\theta C_m F\int_0^{2\pi}\left(\int_0^R r\mathrm{d}r\right)\mathrm{d}\varphi = \cos\theta C_m F\pi R^2 \end{cases} \tag{5-40}$$

3. 冲量特性分析

对冲量矢量合成后，得到圆柱体碎片单脉冲冲量为

$$I_x = 0,\quad I_y = \frac{\pi}{2}\sin\theta C_m FHR,\quad I_z = \cos\theta C_m F\pi R^2 \tag{5-41}$$

并且

$$\begin{cases} \left|\boldsymbol{I}_{yz}\right| = C_m F\pi R^2\sqrt{\left(\dfrac{H}{2R}\right)^2\sin^2\theta+\cos^2\theta} \\ \tan\varphi = \dfrac{H\sin\theta}{2R\cos\theta} \end{cases} \tag{5-42}$$

显然，单脉冲冲量在激光辐照方向与圆柱体轴线确定平面内，当$2R=H$时，$\varphi=\theta$，单脉冲冲量方向与激光辐照方向相同；当$2R<H$时，$\varphi>\theta$，单脉冲冲量方向偏离激光辐照方向，向远离垂直轴线方向偏转；当$2R>H$时，$\varphi<\theta$，单脉冲冲量方向偏离激光辐照方向，向靠近垂直轴线方向偏转。

圆柱体碎片的体积和质量分别为

$$V=\pi R^2 H,\quad m=\pi R^2 H\rho \tag{5-43}$$

碎片速度增量为

$$\Delta v=\frac{C_m F\pi R^2\sqrt{\left(\dfrac{H}{2R}\right)^2\sin^2\theta+\cos^2\theta}}{\pi R^2 H\rho}=\frac{1}{H\rho}C_m F\sqrt{\left(\frac{H}{2R}\right)^2\sin^2\theta+\cos^2\theta} \tag{5-44}$$

引入与激光辐照方向和碎片形状有关的无量纲量：

$$T=\frac{1}{H}\sqrt{\left(\frac{H}{2R}\right)^2\sin^2\theta+\cos^2\theta} \tag{5-45}$$

令$H/(2R)=k$，则当给定k时，速度增量具有以下特点：

(1) 当$k=1$时，有$\varepsilon_1=\varepsilon_0$和$T=1/H$，速度增量方向与激光辐照方向相同，并且速度增量大小不变。

(2) 当$k\neq1$时，速度增量方向在激光辐照方向与圆柱体主轴(z轴)确定的平面内，速度增量方向与激光辐照方向偏离，并且速度增量大小随θ变化。

5.3.3 激光全辐照长方体碎片分析

当激光全辐照长方体碎片时，坐标原点为质心，如图5.14所示。建立的坐标系为：z轴为长方体的长轴，x轴为短轴。激光辐照方向与xOy平面的夹角为α，激光辐照单位矢量在xOy平面的投影与x轴正方向夹角为ψ，则单位矢量$\boldsymbol{e}$为

$$\boldsymbol{e}=(\cos\alpha\cos\psi,\cos\alpha\sin\psi,\sin\alpha) \tag{5-46}$$

激光光束至多只能辐照到长方体3个侧面，被辐照的3个侧面法向矢量和方程分别为$\boldsymbol{n}=(-1,0,0)$和$x=-a/2$、$\boldsymbol{n}=(0,-1,0)$和$y=-b/2$、$\boldsymbol{n}=(0,0,-1)$和$z=-c/2$，并且$a\leqslant b\leqslant c$。

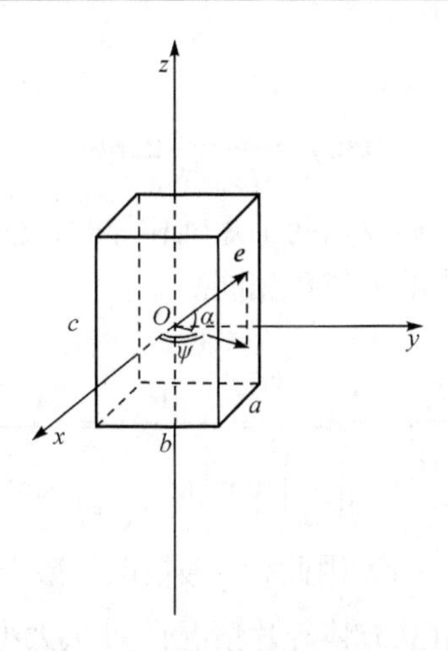

图 5.14　激光全辐照长方体示意图

长方体侧面法向单位矢量为 $\boldsymbol{n}=(-1,0,0)$，侧面方程为 $x=-a/2$，在 yOz 平面投影区域为 $-b/2\leqslant y\leqslant b/2$ ，$-c/2\leqslant z\leqslant c/2$ 。

单脉冲冲量为

$$I_x=\cos\alpha\cos\psi C_m Fbc\ ,\quad I_y=0\ ,\quad I_z=0 \tag{5-47}$$

长方体侧面法向单位矢量为 $\boldsymbol{n}=(0,-1,0)$，侧面方程为 $y=-b/2$，在 xOz 平面投影区域为 $-a/2\leqslant x\leqslant a/2$ ，$-c/2\leqslant z\leqslant c/2$ 。

单脉冲冲量为

$$I_y=\cos\alpha\sin\psi C_m Fac\ ,\quad I_x=0\ ,\quad I_z=0 \tag{5-48}$$

长方体侧面法向单位矢量为 $\boldsymbol{n}$=(0,0,−1)，侧面方程为 $z=c/2$，在 xOy 平面投影区域为 $-a/2\leqslant x\leqslant a/2$，$-b/2\leqslant y\leqslant b/2$ 。

单脉冲冲量为

$$I_z=\sin\alpha C_m Fab\ ,\quad I_x=0\ ,\quad I_y=0 \tag{5-49}$$

激光光束至多只能辐照到长方体 3 个侧面，单脉冲冲量为

$$\begin{cases} I_x=\cos\alpha\cos\psi C_m Fbc \\ I_y=\cos\alpha\sin\psi C_m Fac \\ I_z=\sin\alpha C_m Fab \end{cases} \tag{5-50}$$

$$|\boldsymbol{I}|=C_m Fabc\sqrt{\left(\frac{1}{a}\right)^2\cos^2\alpha\cos^2\psi+\left(\frac{1}{b}\right)^2\cos^2\alpha\sin^2\psi+\left(\frac{1}{c}\right)^2\sin^2\alpha} \tag{5-51}$$

$$|\boldsymbol{I}_{xy}|=\sqrt{I_x^2+I_y^2}=C_m Fabc\cos\alpha\sqrt{\left(\frac{1}{a}\right)^2\cos^2\psi+\left(\frac{1}{b}\right)^2\sin^2\psi} \tag{5-52}$$

单脉冲冲量的方位角为

$$\tan\gamma = \frac{I_y}{I_x} = \frac{a}{b}\tan\psi \tag{5-53}$$

仅当 $a=b$ 时，有 $\gamma=\psi$，即仅当两个短轴相等时，激光辐照方向与单脉冲冲量方向在垂直长轴平面上投影的方位角相同。

单脉冲冲量的仰角为

$$\tan\beta = \frac{I_z}{|\boldsymbol{I}_{xy}|} = \frac{1}{\sqrt{\left(\dfrac{c}{a}\right)^2\cos^2\psi + \left(\dfrac{c}{b}\right)^2\sin^2\psi}}\tan\alpha \tag{5-54}$$

仅当 $a=b=c$ 时，有 $\beta=\alpha$ 。因此，一般情况下激光辐照方向与单脉冲冲量方向不一致，仅当 $a=b=c$ 时(立方体碎片情况)，冲量大小为 $|\boldsymbol{I}|=C_m F a^2$ ，冲量方向为激光辐照方向。当 $a=b\neq c$ 时，冲量方向在激光辐照方向与长轴确定平面内，偏离激光辐照方向，向垂直长轴方向偏转。

长方体碎片的体积和质量分别为

$$V = abc \ , \quad m = abc\rho \tag{5-55}$$

碎片速度增量为

$$\Delta v = \frac{1}{c}\sqrt{\left(\frac{c}{a}\right)^2\cos^2\alpha\cos^2\psi + \left(\frac{c}{b}\right)^2\cos^2\alpha\sin^2\psi + \sin^2\alpha}\,\frac{C_m F}{\rho} \tag{5-56}$$

引入与激光辐照方向和碎片形状有关的无量纲量：

$$T = \sqrt{\left(\frac{c}{a}\right)^2\cos^2\alpha\cos^2\psi + \left(\frac{c}{b}\right)^2\cos^2\alpha\sin^2\psi + \sin^2\alpha} \tag{5-57}$$

在 $a\leqslant b\leqslant c$ 条件下，当给定长轴尺寸 c 时，速度增量具有以下特点：

(1) 当 $a=b=c$ 时，$T=1$ 与 α 角和 ψ 角无关，速度增量方向与激光辐照方向相同。

(2) 当 $a=b<c$ 时，T 仅与 α 角有关，随着 α 角增大，$T_{\alpha=0}=c/a>1$ 逐渐减小到 $T=1$，速度增量方向在长轴和激光辐照方向确定的平面内。

(3) 当 $a<b<c$ 时，T 同时与 α 角和 ψ 角有关，随着 α 角或 ψ 角增大，T 逐渐减小；$T_{\max}=T_{\alpha=0,\psi=0}=c/a>1$ 和 $T_{\min}=T_{\alpha=\pi/2}=1$ ；速度增量方向的方位角 $\gamma<\psi$ 、仰角 $\beta<\alpha$ 。

(4) 除了 $a=b=c$ 的情况，速度增量方向与激光辐照方向不一致，激光辐照面积越大，速度增量越大。

5.3.4 激光全辐照半球体碎片分析

激光全辐照半球体碎片，半球体半径为 a 。z 轴为半球体轴线方向(高度方向)，

y 轴在激光辐照方向和 z 轴确定平面内，建立右手坐标系，质心位置为(0,0,3/8R)，激光辐照方向与 xOy 平面的夹角为 $\beta(-\pi/2\leqslant\beta\leqslant\pi/2)$，激光入射方向单位矢量为 $\boldsymbol{e}=(0,e_y,e_z)(e_y=\cos\beta,e_z=\sin\beta)$，如图 5.15 所示。

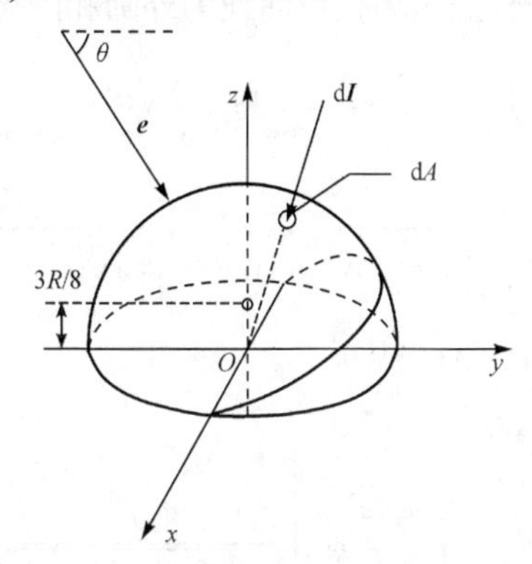

图 5.15　激光全辐照半球体碎片示意图

球体方程为

$$\frac{x^2}{a^2}+\frac{y^2}{a^2}+\frac{z^2}{a^2}=1 \tag{5-58}$$

半球体被激光辐照部分的曲面为

$$\Sigma^+ : z^+=\sqrt{a^2-(x^2+y^2)} \tag{5-59}$$

表面法向单位矢量为 $\boldsymbol{n}^+=(n_x^+,n_y^+,n_z^+)$，且有

$$\boldsymbol{n}^+=\left[\frac{-\dfrac{\partial z^+}{\partial x}}{\sqrt{1+\left(\dfrac{\partial z^+}{\partial x}\right)^2+\left(\dfrac{\partial z^+}{\partial y}\right)^2}},\frac{-\dfrac{\partial z^+}{\partial y}}{\sqrt{1+\left(\dfrac{\partial z^+}{\partial x}\right)^2+\left(\dfrac{\partial z^+}{\partial y}\right)^2}},\frac{1}{\sqrt{1+\left(\dfrac{\partial z^+}{\partial x}\right)^2+\left(\dfrac{\partial z^+}{\partial y}\right)^2}}\right] \tag{5-60}$$

激光辐照方向单位矢量为 $\boldsymbol{e}=(0,e_y,e_z)$，冲量微元为

$$\begin{cases}\mathrm{d}I_x=0\\ \mathrm{d}I_y=C_mF(e_yn_y^+n_y^++e_zn_y^+n_z^+)\mathrm{d}A^+\\ \mathrm{d}I_z=C_mF(e_yn_y^+n_z^++e_zn_z^+n_z^+)\mathrm{d}A^+\end{cases} \tag{5-61}$$

式中

$$(e_yn_y^+n_y^++e_zn_y^+n_z^+)\mathrm{d}A^+=\frac{e_yy^2+e_zy\sqrt{a^2-(x^2+y^2)}}{a\sqrt{a^2-(x^2+y^2)}}\mathrm{d}x\mathrm{d}y \tag{5-62}$$

$$(e_y n_y^+ n_z + e_z n_z^+ n_z^+)\mathrm{d}A^+ = \frac{e_y y + e_z\sqrt{a^2-(x^2+y^2)}}{a}\mathrm{d}x\mathrm{d}y \tag{5-63}$$

在 xOy 平面中，被激光辐照区域投影曲线为外圆和内椭圆。外圆方程 $x^2+y^2=a^2$ 为

$$y_2^+ = \sqrt{a^2-x^2}, \quad y_2^- = -\sqrt{a^2-x^2} \tag{5-64}$$

内椭圆方程为

$$y_1^+ = |e_z|\sqrt{a^2-x^2}, \quad y_1^- = -|e_z|\sqrt{a^2-x^2} \tag{5-65}$$

式中，当 $e_z=0(e_y=1)$时，$y_1^+ = y_1^- = 0$。

在曲面 Σ^+ 上 I_y 相应积分为

$$\begin{aligned}\iint_{\Sigma^+}(e_y n_y^+ n_y^+ + e_z n_y^+ n_z^+)\mathrm{d}A^+ &= \int_{-\sqrt{a^2-x^2}}^{-e_z\sqrt{a^2-x^2}}\left[\frac{e_y y^2}{a\sqrt{a^2-(x^2+y^2)}} + \frac{e_z y}{a}\right]\mathrm{d}y\int_{-a}^{a}\mathrm{d}x \\ &= \frac{2a^2}{3}e_y\left(\frac{\pi}{2} - \arcsin e_z + e_z\sqrt{1-e_z^2}\right) - \frac{2a^2}{3}e_z(1-e_z^2)\end{aligned} \tag{5-66}$$

可得

$$I_y = C_m F\frac{2a^2}{3}e_y\left(\frac{\pi}{2} - \arcsin e_z + e_z\sqrt{1-e_z^2}\right) - C_m F\frac{2a^2}{3}e_z(1-e_z^2) \tag{5-67}$$

曲面 Σ^+ 上 I_z 相应积分为

$$\begin{aligned}\iint_{\Sigma^+}(e_y n_y^+ n_z^+ + e_z n_z^+ n_z^+)\mathrm{d}A^+ &= \int_{-\sqrt{a^2-x^2}}^{-e_z\sqrt{a^2-x^2}}\frac{e_y y + e_z\sqrt{a^2-(x^2+y^2)}}{a}\mathrm{d}y\int_{-a}^{a}\mathrm{d}x \\ &= \frac{e_y}{a}\int_{-\sqrt{a^2-x^2}}^{-e_z\sqrt{a^2-x^2}} y\mathrm{d}y\int_{-a}^{a}\mathrm{d}x + \frac{e_z}{a}\int_{-\sqrt{a^2-x^2}}^{-e_z\sqrt{a^2-x^2}}\sqrt{a^2-(x^2+y^2)}\mathrm{d}y\int_{-a}^{a}\mathrm{d}x\end{aligned} \tag{5-68}$$

因此有

$$\iint_{\Sigma^+}(e_y n_y^+ n_z^+ + e_z n_z^+ n_z^+)\mathrm{d}A^+ = -\frac{2a^2}{3}e_y(1-e_z^2) + \frac{2a^2}{3}e_z\left(\frac{\pi}{2} - \arcsin e_z - e_z\sqrt{1-e_z^2}\right) \tag{5-69}$$

再加上底面 $\pi a^2(0 \leqslant e_z \leqslant 1)$ 上 I_z 相应积分，可得

$$I_z = -C_m F \frac{2a^2}{3} e_y (1-e_z^2) + C_m F \frac{2a^2}{3} e_z \left(\frac{\pi}{2} - \arcsin e_z - e_z \sqrt{1-e_z^2} \right) + C_m F \pi a^2 e_z, \quad 0 \leqslant e_z \leqslant 1 \tag{5-70}$$

为了计算和分析方便，引入 y 和 z 方向上的冲量无量纲量：

$$\overline{I}_y = e_y \left(\frac{\pi}{2} - \arcsin e_z + e_z \sqrt{1-e_z^2} \right) - e_z (1-e_z^2) \tag{5-71}$$

$$\overline{I}_z = -e_y (1-e_z^2) + e_z \left(\frac{\pi}{2} - \arcsin e_z - e_z \sqrt{1-e_z^2} \right) + \frac{3}{2} \pi e_z, \quad 0 \leqslant e_z \leqslant 1 \tag{5-72}$$

单脉冲速度增量与 xOy 平面的夹角 β_v $(-\pi/2 \leqslant \beta_v \leqslant \pi/2)$ 为

$$\tan \beta_v = \frac{I_z}{I_y} = \frac{\overline{I}_z}{\overline{I}_y} \tag{5-73}$$

单脉冲冲量为

$$I = \sqrt{I_y^2 + I_z^2} = C_m F \frac{2a^2}{3} \sqrt{\overline{I}_y^2 + \overline{I}_z^2} \tag{5-74}$$

单脉冲速度增量大小为

$$\Delta v = \frac{I}{m} = \frac{\sqrt{I_y^2 + I_z^2}}{\frac{2}{3} \pi a^3 \rho} = \frac{\sqrt{\overline{I}_y^2 + \overline{I}_z^2}}{\pi a} \frac{C_m F}{\rho} \tag{5-75}$$

引入速度增量无量纲量 T_v：

$$T_v = \frac{\sqrt{\overline{I}_y^2 + \overline{I}_z^2}}{\pi} \tag{5-76}$$

由式(5-73)计算可得：当激光辐照方向为−90°、约 12°和 90°时，激光辐照方向与半球体碎片获得的速度增量方向相同。由式(5-76)计算可得：当激光辐照方向约为 12°时，半球体碎片的速度增量存在最小值。

5.4　小　　结

本章在激光辐照不规则空间碎片反冲冲量基本模型的基础上，通过典型半球体、楔形碎片，实验验证了激光大光斑辐照下的冲量基本模型的合理性。结合动量定理，建立了球体、圆柱体、长方体和半球体四种典型形状空间碎片在激光全辐照下的单脉冲冲量、速度增量计算模型，并分析了其特性，得到以下结论：

(1) 对于球体碎片，碎片获得的反冲冲量方向与激光辐照方向相同，并且大小为垂直辐照相同平板材料的 2/3。

(2) 对于圆柱体碎片，激光辐照下的反冲冲量方向在激光辐照方向与圆柱体主轴确定的平面内。当且仅当圆柱体的高与底面直径相同时，反冲冲量方向与激光辐照方向相同，单脉冲冲量大小为垂直辐照相同平板材料的 $\pi/4$。

(3) 对于长方体碎片，激光辐照下的反冲冲量方向在长方体长轴和激光辐照方向确定的平面内。激光辐照面积越大，反冲冲量越大。仅当长方体的长、宽、高相等时，即为正方体的特殊情况，烧蚀反冲冲量方向与激光辐照方向相同，大小与垂直辐照相同平板材料相同。

(4) 激光辐照半球体碎片获得的速度增量随半球体转动发生变化，当激光辐照方向为−90°、约 12°和 90°时，激光辐照方向与半球体碎片获得的速度增量方向相同。

第6章　地基激光辐照清除空间碎片轨道变化特性

空间碎片在激光作用下获得反冲冲量,导致轨道速度降低,近地点高度降低。通过第4章和第5章的分析可知，激光辐照下空间碎片获得的反冲冲量与激光参数、空间碎片形状等因素有关。针对以上问题，有必要对空间碎片由反冲冲量引起的轨道变化问题进行研究,为激光清除空间碎片方案设计和效果评估提供依据。

本章在仅分析碎片质心运动及激光辐照方向与碎片获得的反冲冲量方向相同的理想条件下，具体介绍圆轨道空间碎片地基激光清除过程模型；针对激光器与空间碎片轨道共面情况，仿真计算地基激光清除厘米级空间碎片效果；针对空间碎片旋转和碎片不规则性引起的激光辐照效果不断变化情况，以典型圆柱体空间碎片为例，详细阐述旋转圆柱体空间碎片激光辐照效应随机分析模型。

6.1　考虑空间碎片质心运动的激光辐照变轨简化模型

6.1.1　激光辐照空间碎片质心运动过程

1. 模型假设

(1) 由于表征空间碎片在脉冲激光辐照下宏观力学效应的物理量是冲量，因此脉冲激光辐照空间碎片的速度增量是瞬间获得的，不考虑脉冲激光辐照过程中的轨道变化。

(2) 空间碎片的形状为球体,在激光全辐照空间碎片情况下,碎片获得的速度增量方向与激光辐照方向相同。

(3) 不考虑碎片的自旋和地球的自转。

(4) 空间碎片与激光器共面，即激光器在空间碎片轨道面内。

2. 过程描述

如图6.1所示，内圆为地球表面，外圆为空间碎片运行轨道，J为地基激光器所在位置，OJ为地心与激光器连线。当空间碎片运行到b点时，受到激光辐照获得速度增量，运行轨道改变，变轨后沿着椭圆轨道运行。

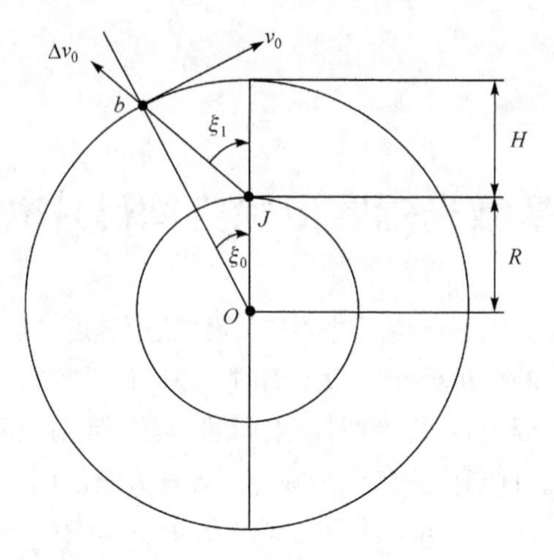

图 6.1　单次激光辐照空间碎片变轨示意图

6.1.2　激光辐照空间碎片变轨简化模型

1. 空间碎片参数

空间碎片初始运行速度为

$$v_0=\sqrt{\frac{\mu}{r_0}}=\sqrt{\frac{\mu}{H+R}} \tag{6-1}$$

式中，μ为地球引力常数；r_0为空间碎片初始轨道半径；H为空间碎片初始轨道高度；R为地球平均半径。

变轨后碎片径向速度和周向速度分别为

$$v_r=\Delta v_0\cos\left(\xi_1-\xi_0\right) \tag{6-2}$$

$$v_\theta=v_0-\Delta v_0\sin\left(\xi_1-\xi_0\right) \tag{6-3}$$

式中，Δv_0为单次激光辐照下碎片获得的速度增量；ξ_1为碎片天顶角；ξ_0为碎片和地心连线与天顶的夹角。ξ_1与ξ_0之间的关系为

$$\xi_1=\arctan\frac{(H+R)\sin\xi_0}{(H+R)\cos\xi_0-R} \tag{6-4}$$

式中，ξ_0与ξ_1同符号且$|\xi_0|<|\xi_1|$。

变轨后碎片运行速度为

$$v_1=\sqrt{v_0^2\left[\frac{\Delta v_0}{v_0}\cos\left(\xi_1-\xi_0\right)\right]^2+v_0^2\left[1-\frac{\Delta v_0}{v_0}\sin\left(\xi_1-\xi_0\right)\right]^2} \tag{6-5}$$

变轨后碎片速度倾角为

$$\varphi_1 = \arctan\frac{v_r}{v_\theta} = \arctan\frac{\Delta v_0\cos(\xi_1-\xi_0)}{v_0-\Delta v_0\sin(\xi_1-\xi_0)} = \arctan\frac{\dfrac{\Delta v_0}{v_0}\cos(\xi_1-\xi_0)}{1-\dfrac{\Delta v_0}{v_0}\sin(\xi_1-\xi_0)} \tag{6-6}$$

2. 轨道参数

变轨后空间碎片沿椭圆轨道运行，轨道半长轴和偏心率分别为

$$a = \frac{r_1}{2-\dfrac{r_1 v_1^2}{\mu}} \tag{6-7}$$

$$e = \sqrt{\left(\frac{r_1 v_1^2}{\mu}-1\right)^2\cos^2\varphi_1+\sin^2\varphi_1} \tag{6-8}$$

式中，r_1为变轨后空间碎片轨道半径。

变轨点的真近点角为

$$f_1 = \arctan\frac{\dfrac{r_1 v_1^2}{\mu}\sin\varphi_1\cos\varphi_1}{\dfrac{r_1 v_1^2}{\mu}\cos^2\varphi_1-1} \tag{6-9}$$

根据真近点角可确定椭圆轨道主轴的位置，如果 $\tan f_1>0$，那么真近点角为 $\arctan(\tan f_1)$；如果 $\tan f_1<0$，那么真近点角为$\pi+\arctan(\tan f_1)$。近地点和远地点轨道半径分别可表示为

$$r_p = a(1-e) \tag{6-10}$$

$$r_a = a(1+e) \tag{6-11}$$

6.1.3　激光辐照空间碎片变轨仿真分析

空间碎片初始轨道高度 H=800km，激光辐照碎片产生的速度增量与碎片初始速度的比例关系为 $k=\Delta v_0/v_0=0.06$，碎片变轨坠入大气层烧毁的条件为 $r_p\leqslant(230+6378)$km=6608km。分别计算当碎片获得的速度增量与运行速度之间夹角大于 90°和小于 90°时，轨道半长轴、偏心率、近地点轨道半径和运行轨道的变化情况，如图 6.2～图 6.4 所示。

如图 6.2 所示，当$\xi_0>0°$，即速度增量与运行速度之间夹角大于 90°时，变轨后碎片轨道半长轴才可能减小。

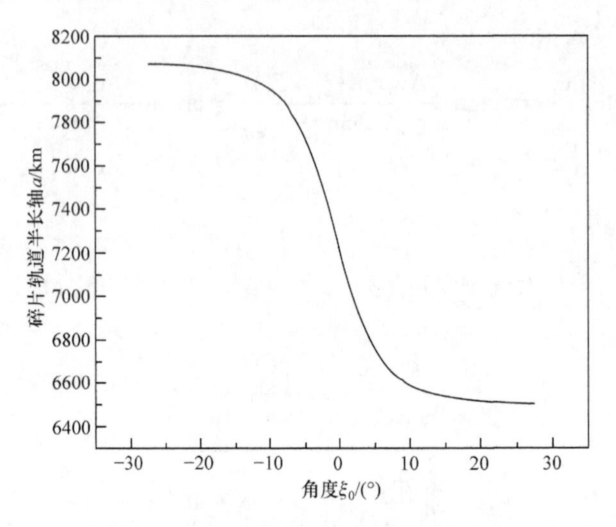

图 6.2　变轨后碎片轨道半长轴变化曲线

如图 6.3 所示，碎片轨道偏心率随ξ_0的增大先减小后增大，当ξ_0=0°时，偏心率最小。

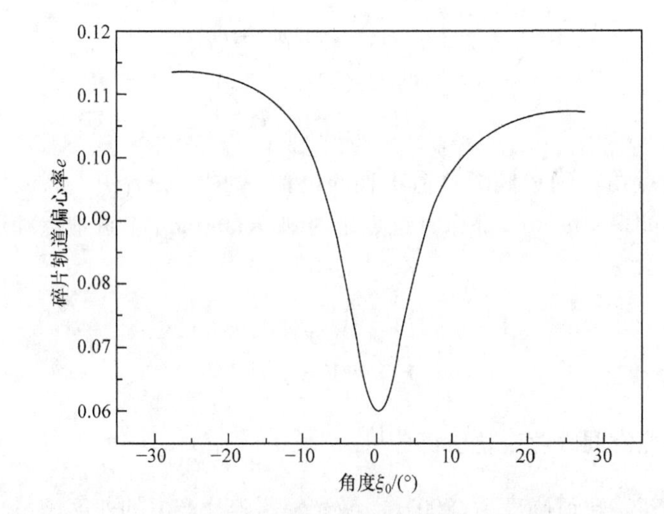

图 6.3　变轨后碎片轨道偏心率变化曲线

如图 6.4 所示，只有ξ_0>0°时，空间碎片才能满足变轨清除的条件，即近地点轨道半径 $r_p \leqslant (230+6378)\text{km}=6608\text{km}$。

如图 6.5 所示，空间碎片初始飞行轨道为图中的黑色点划线，当空间碎片运行到 b 点时，受到激光辐照，获得的速度增量与运行速度之间夹角大于 90°，变轨后碎片运行轨道缩小(如短划线所示)，短半轴在变轨点另一侧；当空间碎片运

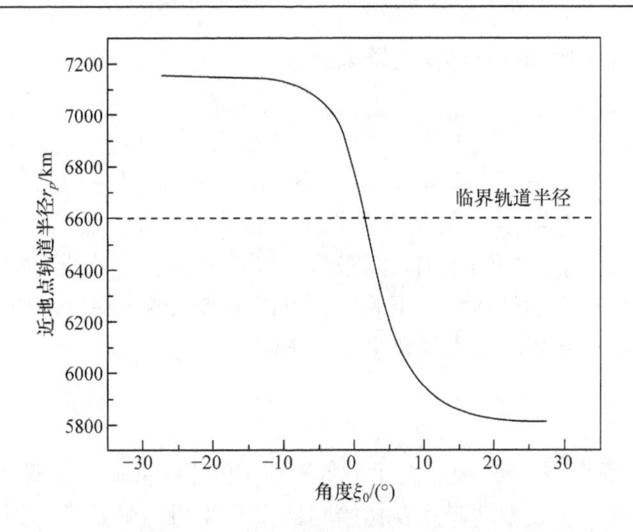

图 6.4　变轨后近地点轨道半径变化曲线

行到 b'点时，受到激光辐照，此时获得的速度增量与运行速度之间夹角小于 90°，变轨后运行轨道增大(如圆点线所示)，短半轴在变轨点同侧。

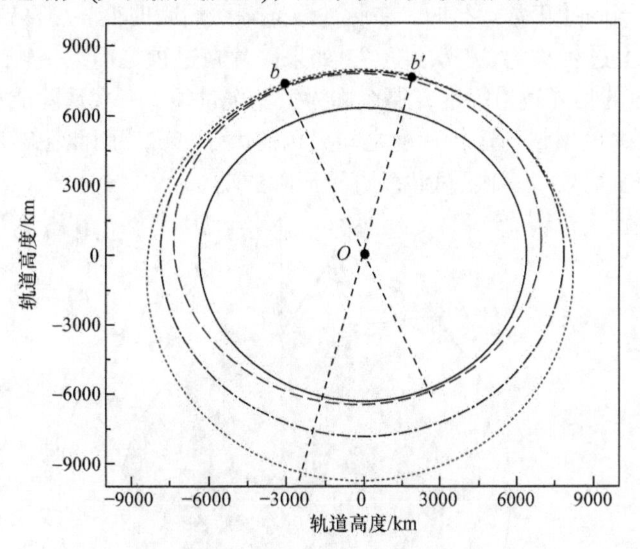

图 6.5　变轨后运行轨道变化曲线

6.2　空间碎片地基激光辐照变轨过程建模与清除效果仿真

在空间碎片与激光器共面的情况下，即激光器在空间碎片轨道面内，对典型激光器的清除效果进行仿真计算。

6.2.1 空间碎片多次飞行过顶激光清除过程

1. 模型假设

模型假设条件与 6.1.1 节基本一致，仅对假设(1)做进一步说明：地基高能脉冲激光器脉宽一般为纳秒量级，因此根据第 3 章等离子体羽流喷射图像可以得到，在单脉冲激光辐照下，力的作用时间极短，碎片的速度增量可认为瞬间获得，脉冲激光辐照碎片产生的是冲量作用效果；可以不考虑激光在脉冲作用时间内的轨道变化，但在脉冲间隔时间内的轨道变化不能忽略。

2. 过程描述

如图 6.6 所示，内圆为地球表面，激光器 J 位于空间碎片轨道面内，OJ 为地心与激光器连线。假设空间碎片在初始圆轨道 1 上顺时针运行，当碎片运行到 c 点时，受到第一次脉冲激光辐照，沿着激光辐照方向瞬间获得速度增量，空间碎片变轨，近地点轨道高度降低；变轨后碎片在轨道 2 上运行，在脉冲间隔时间内运行到 e 点时，受到下一个脉冲激光辐照，变轨后碎片在轨道 3 上继续运行。根据以上过程，当碎片正常运行时，在脉冲激光辐照后瞬时变轨，直到碎片飞过 OJ 这条直线，以上过程称为“一次过顶”。如果碎片在过顶之前某一轨道的近地点高度低于 230km 的临界轨道高度，那么称为“一次过顶，一次清除成功”。通过 6.1 节计算可知，速度增量与运行速度之间夹角需大于 90°，因此在碎片过顶后脉冲激光停止辐照，需要“多次过顶”，直到清除成功。

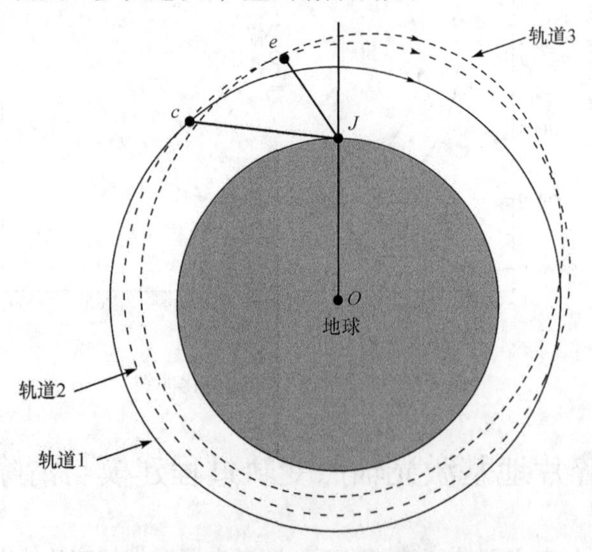

图 6.6 脉冲激光辐照空间碎片变轨示意图

6.2.2　空间碎片多次飞行过顶激光辐照变轨模型

如图 6.7 所示，假设在地基激光器第 m 次脉冲激光辐照前，碎片在椭圆轨道 s 上运行，已知轨道偏心率为 e_s，近地点轨道半径为 r_{ps}，则椭圆轨道 s 的半长轴 a_s 为

$$a_s = \frac{r_{ps}}{1 - e_s} \tag{6-12}$$

当碎片运行到 g 点时，轨道高度为 H_g，此时 g 点的轨道半径 r_g、速度 v_g 和当地速度倾角 φ_g 分别为

$$r_g = H_g + R \tag{6-13}$$

$$v_g = \sqrt{\frac{2\mu}{r_g} - \frac{\mu}{a_s}} \tag{6-14}$$

$$\varphi_g = \arccos \sqrt{\frac{e_s^2 - 1}{\frac{r_g v_g^2}{\mu}\left(\frac{r_g v_g^2}{\mu} - 2\right)}} \tag{6-15}$$

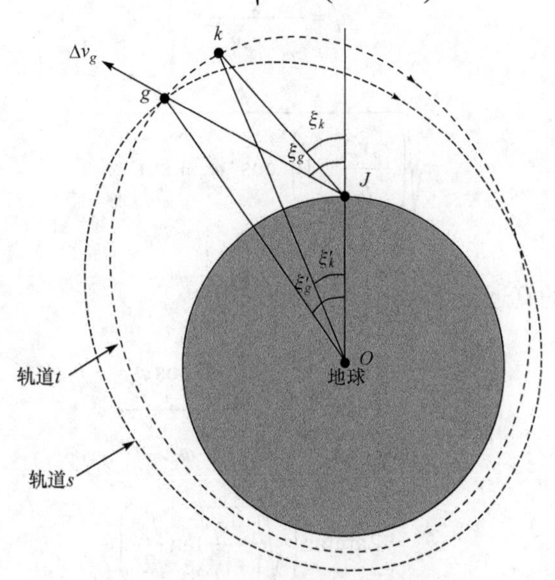

图 6.7　空间碎片变轨清除示意图

碎片在 g 点受到脉冲激光辐照，获得速度增量Δv_g，此时天顶角为ξ_g。由图 6.7 的几何关系可知，碎片和地心连线与天顶夹角 ξ_g' 为

$$\xi_g' = \xi_g - \arcsin\left(\frac{R}{r_g}\sin\xi_g\right) \tag{6-16}$$

变轨后碎片径向速度和周向速度分别为

$$v_r = \Delta v_g \cos\left(\xi_g - \xi_g'\right) + v_g \sin\varphi_g \tag{6-17}$$

$$v_\theta = v_g \cos\varphi_g - \Delta v_g \sin\left(\xi_g - \xi_g'\right) \tag{6-18}$$

则变轨后碎片运行速度为

$$v_g' = \sqrt{v_r^2 + v_\theta^2} \tag{6-19}$$

变轨后碎片速度倾角为

$$\varphi_g' = \arctan\frac{v_r}{v_\theta} \tag{6-20}$$

根据变轨后该点的轨道半径 r_g、运行速度 v_g'和速度倾角φ_g'等参数，可确定变轨后碎片的椭圆轨道。

变轨后碎片在轨道 t 上运行，轨道半长轴、偏心率和近地点轨道半径分别为

$$a_t = \frac{r_g}{2 - \dfrac{r_g v_g'^2}{\mu}} \tag{6-21}$$

$$e_t = \sqrt{\left(\frac{r_g v_g'^2}{\mu} - 1\right)^2 \cos^2\varphi_g' + \sin^2\varphi_g'} \tag{6-22}$$

$$r_{pt} = a_t\left(1 - e_t\right) \tag{6-23}$$

碎片在 g 点的真近点角和偏近点角分别为

$$f_g = \arctan\frac{\dfrac{r_g v_g'^2}{\mu}\sin\varphi_g'\cos\varphi_g'}{\dfrac{r_g v_g'^2}{\mu}\cos^2\varphi_g' - 1} \tag{6-24}$$

$$E_g = 2\arctan\left(\sqrt{\frac{1-e_t}{1+e_t}}\tan\frac{f_g}{2}\right) \tag{6-25}$$

同样，根据真近点角可确定椭圆轨道主轴的位置，若 $\tan f_g>0$，则真近点角为 $\arctan(\tan f_g)$；若 $\tan f_g<0$，则真近点角为$\pi+\arctan(\tan f_g)$。

设激光器重频为 n，则脉冲间隔时间为 $1/n$，碎片在轨道 t 上运行 $1/n$ 时间后到达 k 点。由式(6-26)可求出轨道 t 在 k 点的偏近点角 E_k，再通过真近点角和偏近点角的关系，求得轨道 t 在 k 点的真近点角 f_k。

$$\frac{E_k - e_t \sin E_k - E_g + e_t \sin E_g}{\sqrt{\dfrac{\mu}{a_t^3}}} = \frac{1}{n} \tag{6-26}$$

碎片在 k 点的轨道半径为

$$r_k = a_t\left(1 - e_t \cos E_k\right) \tag{6-27}$$

碎片在 k 点的天顶角为

$$\xi_k = \arctan\frac{r_k \sin \xi_k'}{r_k \cos \xi_k' - R} \tag{6-28}$$

式中，$\xi_k' = \xi_g' - \left|f_g - f_k\right|$。

6.2.3 空间碎片多次飞行过顶激光辐照变轨计算流程

根据上述计算公式，进一步得到空间碎片多次飞行过顶激光辐照变轨计算流程，具体如下：

(1) 已知初始数据为椭圆轨道偏心率 e、近地点轨道半径 r_p、某点轨道高度 H、天顶角 ξ 和激光器重频 n。

(2) 根据已知条件计算轨道半长轴 a、碎片运行速度 v、速度倾角 φ，以及单脉冲激光辐照下碎片获得的速度增量 Δv。

(3) 计算变轨后的椭圆轨道参数，如轨道半长轴 a'、偏心率 e' 和近地点轨道半径 r_p'。

(4) 计算变轨后碎片经过脉冲间隔时间 $1/n$，运行到某点的轨道高度 H'、速度 v'、速度倾角 φ'、真近点角 f、偏近点角 E 和天顶角 ξ'。

(5) 判断是否需要过顶，条件为 $\xi' \leqslant 0$ 且 $r_p' > 6608\text{km}$，若符合条件则返回步骤(1)，若不符合条件则返回步骤(4)。

(6) 判断是否清除成功，条件为 $\xi' > 0$ 且 $r_p' \leqslant 6608\text{km}$，若符合清除成功条件则停止计算，不符合条件则返回步骤(3)。

6.2.4 空间碎片地基激光辐照清除效果仿真

参考 ORION[94]计划中的远场激光光束能量密度，激光辐照轨道高度为 800km 的能量通量取为 5.1J/cm^2，激光辐照轨道高度为 1500km 的能量通量取为 1.5J/cm^2。表 6.1 为 ORION 计划提供的典型空间碎片基本特征数据。空间碎片按材料性质大致分为 5 类：Na/K 冷却剂小滴、碳酚材料碎片(复合材料碎片)、多层绝热防护材料碎片(塑料和铝板碎片)、褶皱(变形)铝材碎片和钢材箱体肋支撑碎片。这些空间碎片集中在 2000km 轨道高度以下，在 800km 和 1500km 轨道高度分布密度最高。

表 6.1　ORION 计划提供的典型空间碎片的基本特征数据

种类	Na/K 冷却剂小滴	碳酚材料碎片(复合材料碎片)	多层绝热防护材料碎片(塑料和铝板碎片)	褶皱(变形)铝材碎片	钢材箱体肋支撑碎片
轨道倾角/(°)	65	87	99	30	82
碎片数目估计值/万个	5	2	6	1	1
面质比/(cm^2/g)	1.75	0.7	25	0.37	0.15

空间碎片选择数量相对较多的多层绝热防护铝材料碎片，其参数如表 6.1 所示。当远场激光能量通量为 5.1J/cm^2时，铝质碎片冲量耦合系数取 3.5×10^{-5}N · s/J，获得速度增量为 4.5m/s；当远场激光能量通量为 1.5J/cm^2 时，铝质碎片冲量耦合系数取 1.5×10^{-5}N · s/J，获得速度增量为 1.9m/s。利用上述参数计算该典型激光器清除轨道高度为 800km 和 1500km、直径为 10cm 的空间碎片，仿真结果如图 6.8 和图 6.9 所示。如图 6.8(a)所示，近地点轨道高度随激光作用脉冲次数的增加而降低，当作用到第 78 次脉冲时，碎片近地点轨道高度降低到 230km 以下，达到变轨清除的目的；如图 6.8(b)所示，碎片 5 次过顶后，激光作用脉冲 78 次；如图 6.8(c)所示，近地点轨道高度随过顶次数的增加而降低，5 次过顶后，碎片近地点轨道高度降低到 230km 以下，达到变轨清除的目的。

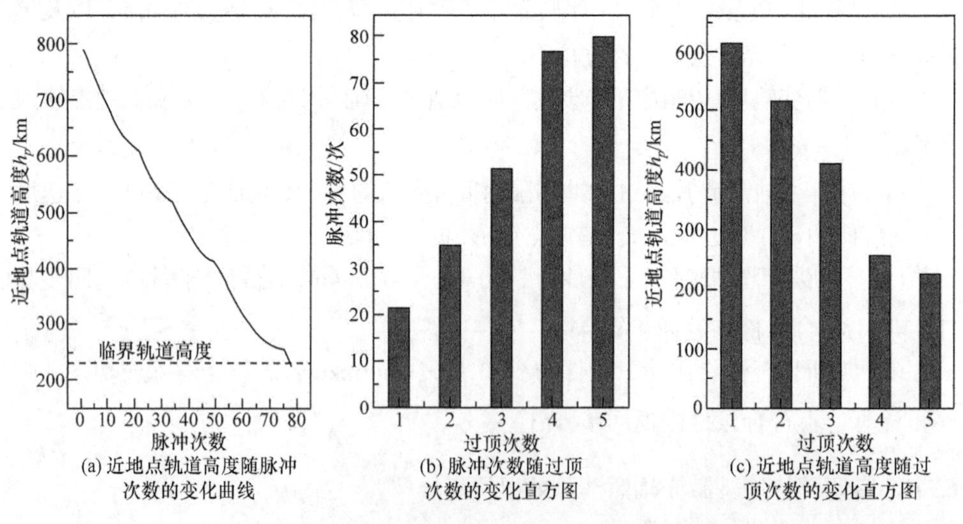

(a) 近地点轨道高度随脉冲次数的变化曲线　(b) 脉冲次数随过顶次数的变化直方图　(c) 近地点轨道高度随过顶次数的变化直方图

图 6.8　清除轨道高度 800km 空间碎片的仿真结果

如图 6.9(a)所示，近地点轨道高度随激光作用脉冲次数的增加而降低，当作用到第 546 次脉冲时，碎片近地点轨道高度降低到 230km 以下，达到变轨清除的目的；如图 6.9(b)所示，碎片 9 次过顶后，激光作用脉冲 546 次；如图 6.9(c)所示，近地点轨道高度随过顶次数的增加而降低，9 次过顶后，碎片近地点轨道高度降低到 230km 以下，达到变轨清除的目的。详细仿真结果如表 6.2 所示。

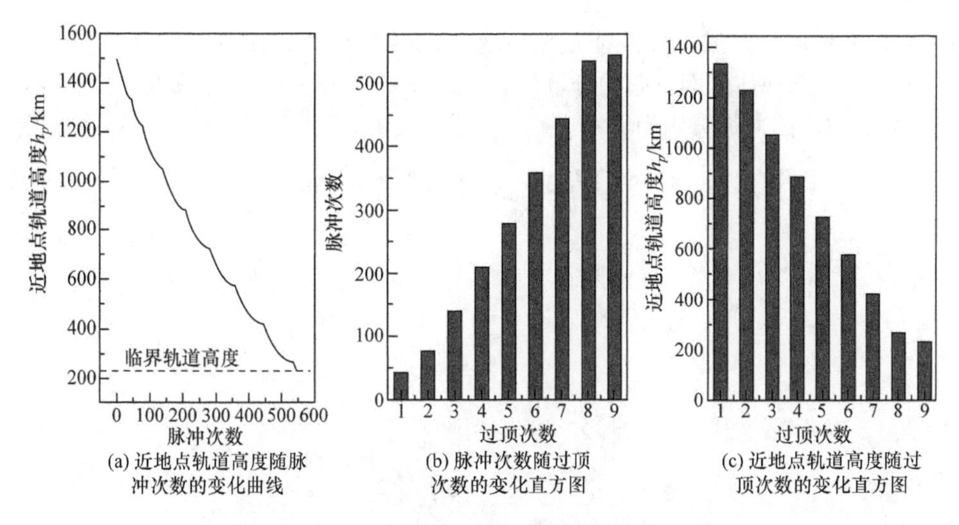

(a) 近地点轨道高度随脉冲次数的变化曲线　(b) 脉冲次数随过顶次数的变化直方图　(c) 近地点轨道高度随过顶次数的变化直方图

图 6.9　清除轨道高度 1500km 空间碎片的仿真结果

表 6.2　典型轨道空间碎片清除效果

碎片初始轨道高度/km	所需过顶次数/次	所需脉冲次数/次	所需总能量/kJ	最终近地点轨道高度/km
800	5	78	1170	226.72
1500	9	546	8190	228.66

6.3　考虑空间碎片旋转的激光辐照变轨随机模拟方法

空间碎片在轨道飞行中可能处于不停的旋转状态[129,130]。造成旋转的原因有以下 3 方面：①在撞击或爆炸形成碎片过程中，造成自身转动；②形成碎片后与其他物体碰撞，运动状态改变，造成转动；③在激光清除碎片过程中，激光辐照产生的冲量矩造成转动，如半球体碎片。受探测手段和方法的限制，空间碎片的这种旋转状态往往是很难判断的。

6.1 和 6.2 节是在忽略碎片旋转运动，并且激光辐照方向与碎片获得的速度增量方向相同的理想条件下，仅分析碎片质心的运动规律。当激光清除空间碎片时，由于碎片旋转运动，激光辐照下碎片横截面不断发生变化，激光对碎片的作用效果不断变化。同时，速度增量方向与激光辐照方向之间夹角也不断变化。激光作用后，由于碎片旋转运动，速度方向的横截面面积不断发生变化，气动阻力也不断发生变化。本节以典型的旋转圆柱体不规则空间碎片为研究对象，研究旋转空间碎片的激光辐照效应，建立旋转空间碎片激光辐照效应的随机分析模型。

6.3.1　单脉冲激光辐照碎片速度增量变化规律

如图 6.10 所示，设圆柱体的底面半径为 R，高度为 H，激光辐照方向与圆柱

体轴线夹角为 ε_0，激光辐照能量密度为 F，在圆柱体轴线方向的分量为 $F_a = F\cos\varepsilon_0$，在圆柱体侧面方向的分量为 $F_s = F\sin\varepsilon_0$，由 5.3.2 节计算可得，轴线方向和侧面方向的冲量分别为

$$I_a = C_m F\pi R^2 \cos\varepsilon_0\,,\quad I_s = \frac{\pi}{2} C_m FHR\sin\varepsilon_0 \tag{6-29}$$

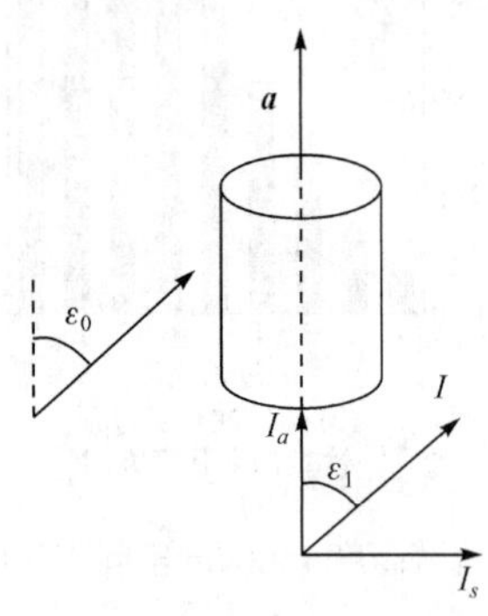

图 6.10 激光辐照圆柱体碎片

单脉冲激光作用下，圆柱体碎片获得的冲量方向在激光辐照方向和圆柱体轴线确定的平面内，可得

$$I = \sqrt{I_a^2 + I_s^2} = C_m F\pi R^2 \sqrt{\cos^2\varepsilon_0 + \sin^2\varepsilon_0 \left(\frac{H}{2R}\right)^2} \tag{6-30}$$

圆柱体体积为 $V=\pi R^2 H$，质量为 $m = \pi R^2 H\rho$，ρ 为碎片密度，速度增量为

$$\Delta v = \frac{I}{m} = \frac{C_m F}{H\rho}\sqrt{\cos^2\varepsilon_0 + \sin^2\varepsilon_0 \left(\frac{H}{2R}\right)^2} \tag{6-31}$$

式中，C_m 为冲量耦合系数。速度增量变化范围为

$$\min\left(\frac{C_m F}{H\rho}, \frac{C_m F}{2R\rho}\right) \leqslant \Delta v \leqslant \max\left(\frac{C_m F}{H\rho}, \frac{C_m F}{2R\rho}\right) \tag{6-32}$$

速度增量与圆柱体轴线夹角为

$$\varepsilon_1 = \begin{cases} \arctan\left(\dfrac{H}{2R}\tan\varepsilon_0\right), & 0 \leqslant \varepsilon_0 \leqslant \pi/2 \\ \pi + \arctan\left(\dfrac{H}{2R}\tan\varepsilon_0\right), & \pi/2 < \varepsilon_0 \leqslant \pi \end{cases} \tag{6-33}$$

显然，速度增量方向在激光辐照方向与圆柱体轴线确定平面内，空间碎片旋转，碎片轴线方向随机变化，造成速度增量大小和方向的随机变化，这是激光清除空间碎片必须考虑的因素。

令 $H/(2R)=K$，引入与速度增量成正比的量：

$$T = \frac{1}{H}\sqrt{\cos^2 \varepsilon_0 + \sin^2 \varepsilon_0 \left(\frac{H}{2R}\right)^2} = \frac{1}{H}\sqrt{\cos^2 \varepsilon_0 + k^2 \sin^2 \varepsilon_0} \tag{6-34}$$

由式(6-34)可得，当 $k=1$ 时，有 $\varepsilon_1 = \varepsilon_0$ 和 $T = 1/H$，碎片在激光辐照下获得的速度增量方向与辐照方向相同，且大小保持不变；当 $k \neq 1$ 时，有 $\varepsilon_1 \neq \varepsilon_0$，碎片在激光辐照下获得的速度增量方向与辐照方向发生偏离，且大小随着 ε_0 变化，如图 6.11 和图 6.12 所示。

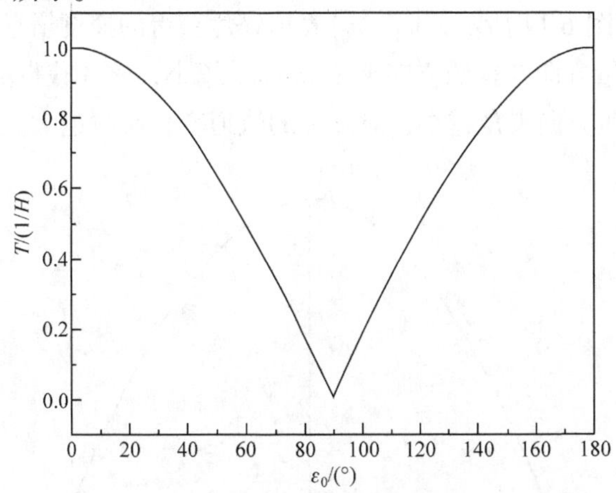

图 6.11　k=0.01 时 $T/(1/H)$随着激光辐照角度变化

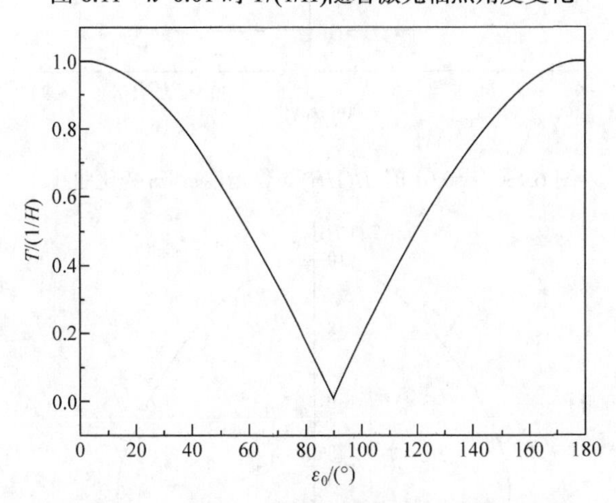

图 6.12　k=10 时 $T/(1/H)$随着激光辐照角度变化

碎片旋转直接影响激光辐照方向与碎片轴线夹角 ε_0，也就直接影响了激光作用下的速度增量大小和方向，具体规律如下：

(1) 对于薄圆盘碎片(k<1 的情况)，当激光辐照方向与碎片轴线方向偏离较小时，速度增量较大；当激光辐照方向与碎片轴线方向偏离较大时，速度增量较小；

当激光垂直辐照时，速度增量最小。

(2) 对于细长杆碎片(k>1 的情况)，当激光辐照方向与碎片轴线方向偏离较小时，速度增量较小；当激光辐照方向与碎片轴线方向偏离较大时，速度增量较大；当激光垂直辐照时，速度增量最大。

(3) 当 $H/(2R)=1$ 或 ε_0 取 0、π/2、π 时，$|\varepsilon_1-\varepsilon_0|=0$，即速度增量方向与激光辐照方向相同。

如图 6.13 和图 6.14 所示，$|\varepsilon_1-\varepsilon_0|$表示碎片获得的速度增量方向与辐照方向的夹角。速度增量方向与辐照方向夹角$|\varepsilon_1-\varepsilon_0|$越小，碎片获得的速度增量越大，即速度增量与辐照方向夹角越小，对碎片的轨道变化影响越大。

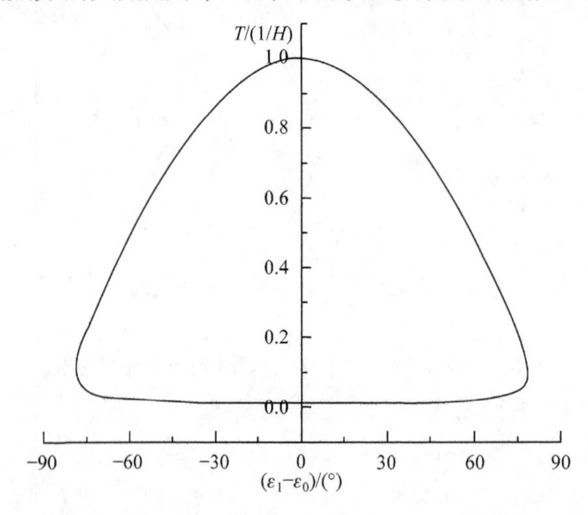

图 6.13　k=0.01 时 $T/(1/H)$随着角度$\varepsilon_1-\varepsilon_0$变化曲线

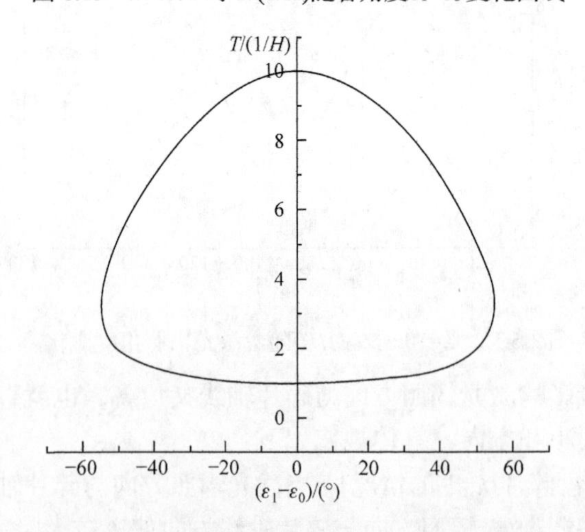

图 6.14　k=10 时 $T/(1/H)$随着角度$\varepsilon_1-\varepsilon_0$变化曲线

6.3.2 单脉冲激光辐照碎片速度增量随机分析

由于厘米级空间碎片的旋转，碎片轴线方向是未知的，也是无法探测的，在赤道惯性坐标系 $OXYZ$ 中，需要建立单脉冲速度增量的随机分析模型和分析方法。

设碎片轴线方向随机变化，轴线方向单位矢量为 $\overline{\boldsymbol{a}}$，在赤道惯性坐标系 $OXYZ$ 中的方位角为 γ_a，仰角为 β_a，轴线方向单位矢量 $\overline{\boldsymbol{a}}$ 为

$$\overline{\boldsymbol{a}} = \cos\beta_a \cos\gamma_a \boldsymbol{i} + \cos\beta_a \sin\gamma_a \boldsymbol{j} + \sin\beta_a \boldsymbol{k} = \overline{a}_x \boldsymbol{i} + \overline{a}_y \boldsymbol{j} + \overline{a}_z \boldsymbol{k} \tag{6-35}$$

式中，方位角 γ_a 在$[-\pi,\pi]$内随机变化；仰角 β_a 在$[-\pi/2,\pi/2]$内随机变化；$(\boldsymbol{i},\boldsymbol{j},\boldsymbol{k})$为 XYZ 方向单位矢量。

激光辐照方向单位矢量为

$$\overline{\boldsymbol{r}}_{GD} = \overline{x}_{GD}\boldsymbol{i} + \overline{y}_{GD}\boldsymbol{j} + \overline{z}_{GD}\boldsymbol{k} \tag{6-36}$$

速度增量方向单位矢量为

$$\overline{\Delta\boldsymbol{v}} = \overline{\Delta v_x}\boldsymbol{i} + \overline{\Delta v_y}\boldsymbol{j} + \overline{\Delta v_z}\boldsymbol{k} \tag{6-37}$$

激光辐照方向与圆柱体轴线夹角为 $\varepsilon_0(0 \leqslant \varepsilon_0 \leqslant \pi)$，有

$$\cos\varepsilon_0 = \overline{\boldsymbol{a}} \cdot \overline{\boldsymbol{r}}_{GD} = \overline{a}_x \overline{x}_{GD} + \overline{a}_y \overline{y}_{GD} + \overline{a}_z \overline{z}_{GD} \tag{6-38}$$

由 ε_0 可求得 ε_1，其满足

$$\cos\varepsilon_1 = \overline{\boldsymbol{a}} \cdot \overline{\Delta\boldsymbol{v}} = \overline{a}_x \overline{\Delta v_x} + \overline{a}_y \overline{\Delta v_y} + \overline{a}_z \overline{\Delta v_z} \tag{6-39}$$

并且满足

$$\cos|\varepsilon_1 - \varepsilon_0| = \overline{\boldsymbol{r}}_{GD} \cdot \overline{\Delta\boldsymbol{v}} = \overline{x}_{GD}\overline{\Delta v_x} + \overline{y}_{GD}\overline{\Delta v_y} + \overline{z}_{GD}\overline{\Delta v_z} \tag{6-40}$$

当 $H/(2R)=1$ 或 ε_0 取 0、$\pi/2$、π 时，速度增量方向与激光辐照方向相同，可得速度增量单位矢量为

$$\overline{\Delta\boldsymbol{v}} = \overline{\boldsymbol{r}}_{GD} = \overline{x}_{GD}\boldsymbol{i} + \overline{y}_{GD}\boldsymbol{j} + \overline{z}_{GD}\boldsymbol{k} \tag{6-41}$$

否则单位矢量 $\overline{\boldsymbol{a}}$、$\overline{\boldsymbol{r}}_{GD}$、$\overline{\Delta\boldsymbol{v}}$ 共面，即混合积 $\Delta\boldsymbol{v}\cdot(\boldsymbol{r}_{GD}\times\boldsymbol{a}) = (\boldsymbol{r}_{GD}\times\boldsymbol{a})\cdot\Delta\boldsymbol{v} = 0$，可得

$$\begin{vmatrix} \overline{\Delta v_x} & \overline{\Delta v_y} & \overline{\Delta v_z} \\ \overline{x}_{GD} & \overline{y}_{GD} & \overline{z}_{GD} \\ \overline{a}_x & \overline{a}_y & \overline{a}_z \end{vmatrix} = 0 \tag{6-42}$$

$$(\overline{a}_z\overline{y}_{GD} - \overline{a}_y\overline{z}_{GD})\overline{\Delta v_x} + (\overline{a}_x\overline{z}_{GD} - \overline{a}_z\overline{x}_{GD})\overline{\Delta v_y} + (\overline{a}_y\overline{x}_{GD} - \overline{a}_x\overline{y}_{GD})\overline{\Delta v_z} = 0 \tag{6-43}$$

联立式(6-42)和式(6-43)，可得

$$\begin{vmatrix} \overline{a}_x & \overline{a}_y & \overline{a}_z \\ \overline{x}_{GD} & \overline{y}_{GD} & \overline{z}_{GD} \\ \overline{a}_z\overline{y}_{GD} - \overline{a}_y\overline{z}_{GD} & \overline{a}_x\overline{z}_{GD} - \overline{a}_z\overline{x}_{GD} & \overline{a}_y\overline{x}_{GD} - \overline{a}_x\overline{y}_{GD} \end{vmatrix} \begin{bmatrix} \overline{\Delta v_x} \\ \overline{\Delta v_y} \\ \overline{\Delta v_z} \end{bmatrix} = \begin{bmatrix} \cos\varepsilon_1 \\ \cos|\varepsilon_1 - \varepsilon_0| \\ 0 \end{bmatrix} \tag{6-44}$$

式中，有解条件为 $\overline{\boldsymbol{r}}_{GD}\times\overline{\boldsymbol{a}} \neq 0$，若 $\overline{\boldsymbol{r}}_{GD}\times\overline{\boldsymbol{a}} = 0$，则有 $\overline{\Delta\boldsymbol{v}} = \overline{\boldsymbol{r}}_{GD}$。

圆柱体碎片单脉冲速度增量的随机分析方法如下：

(1) 任取[0,1]内随机数 r_1，可求得方位角 $\gamma_a = 2\pi r_1 - \pi$ 为 $[-\pi,\pi]$ 内随机数。

(2) 任取[0,1]内随机数 r_2，可求得仰角 $\beta_a = \pi r_2 - \pi/2$ 为 $[-\pi/2,\pi/2]$ 内随机数。

(3) 轴线方向单位矢量 $\bar{\boldsymbol{a}}$ 的抽样值为

$$\bar{\boldsymbol{a}} = \cos\beta_a \cos\gamma_a \boldsymbol{i} + \cos\beta_a \sin\gamma_a \boldsymbol{j} + \sin\beta_a \boldsymbol{k} = \bar{a}_x \boldsymbol{i} + \bar{a}_y \boldsymbol{j} + \bar{a}_z \boldsymbol{k} \tag{6-45}$$

即得到一个抽样值 $\bar{\boldsymbol{a}} = (\bar{a}_x, \bar{a}_y, \bar{a}_z)$。

(4) 已知激光辐照方向单位矢量为 $\bar{\boldsymbol{r}}_{GD} = (\bar{x}_{GD}, \bar{y}_{GD}, \bar{z}_{GD})$，若 $H/(2R)=1$ 或 ε_0 取0、$\pi/2$、π，则速度增量方向与激光辐照方向相同，可得速度增量单位矢量为

$$\overline{\Delta \boldsymbol{v}} = \bar{\boldsymbol{r}}_{GD} = \bar{x}_{GD} \boldsymbol{i} + \bar{y}_{GD} \boldsymbol{j} + \bar{z}_{GD} \boldsymbol{k} \tag{6-46}$$

否则根据式(6-38)求 ε_0，根据式(6-39)由 ε_0 求 ε_1，计算 $\cos\varepsilon_1$ 和 $\cos|\varepsilon_1-\varepsilon_0|$，再由式(6-41)计算速度增量方向单位矢量为 $\overline{\Delta \boldsymbol{v}} = (\overline{\Delta v}_x, \overline{\Delta v}_y, \overline{\Delta v}_z)$。

(5) 可得速度增量的一个抽样值为

$$\Delta \boldsymbol{v} = \frac{C_m F}{H\rho} \sqrt{\cos^2 \varepsilon_0 + \sin^2 \varepsilon_0 \left(\frac{H}{2R}\right)^2}\, \overline{\Delta \boldsymbol{v}} \tag{6-47}$$

(7) 重复步骤(1)～步骤(5)，在赤道惯性坐标系 $OXYZ$ 中，可得每个激光单脉冲作用的速度增量。

6.3.3　空间碎片三维质心运动方程

在赤道惯性坐标系 $OXYZ$ 中，空间碎片在某一时刻的位置矢量为 $\boldsymbol{r}$，$\boldsymbol{r}$ 端点的赤经和赤纬分别为 λ 和 ϕ，当地天东北坐标系为 UEN。空间碎片速度为 $\boldsymbol{v}$，速度 $\boldsymbol{v}$ 与当地水平面夹角为 β (仰角)，速度 $\boldsymbol{v}$ 与东向夹角为 γ (方位角)，如图 6.15 所示。

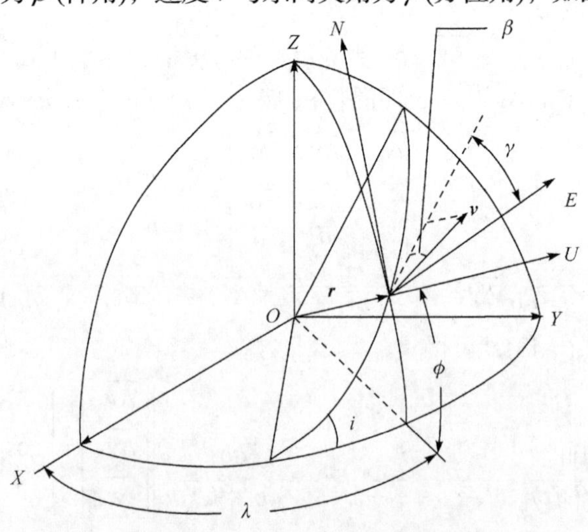

图 6.15　空间碎片质心运动示意图

在赤道惯性坐标系 $OXYZ$ 中，碎片位置的球坐标为 (r,λ,ϕ)，分别为地心距、赤经和赤纬。碎片质心运动方程[131]为

$$\begin{cases}\ddot{r}=r\dot{\phi}^2+r\dot{\lambda}^2\cos^2\phi-\dfrac{\mu}{r^2}+\dfrac{R_U}{m}\\ \ddot{\lambda}=-2\dfrac{\dot{r}\dot{\lambda}}{r}+2\dot{\lambda}\dot{\phi}\tan\phi+\dfrac{R_E}{mr\cos\phi}\\ \ddot{\phi}=-2\dfrac{\dot{r}\dot{\phi}}{r}-\dot{\lambda}^2\sin\phi\cos\phi+\dfrac{R_N}{mr}\end{cases} \tag{6-48}$$

式中，地球引力常数 μ=$3.98600436\times10^5\text{km}^3/\text{s}^2$；$(R_U,R_E,R_N)$ 为非地球引力(包括激光作用力和大气阻力等)在当地天东北方向分量。

在赤道惯性坐标系 $OXYZ$ 中，碎片位置的球坐标为 (r,λ,ϕ) 和直角坐标为 (x,y,z)，它们的相互关系为

$$x=r\cos\phi\cos\lambda\,,\quad y=r\cos\phi\sin\lambda\,,\quad z=r\sin\phi \tag{6-49}$$

式中，ϕ 为 $\boldsymbol{r}$ 矢量与 OXY 平面的仰角；λ 为方位角(与 X 轴正向夹角)。两者的表达式为

$$\phi=\arcsin\frac{z}{\sqrt{x^2+y^2+z^2}}\,,\quad \frac{\lambda}{2}=\arctan\frac{y}{\sqrt{x^2+y^2}+x} \tag{6-50}$$

式中，$-\pi/2\leqslant\phi\leqslant\pi/2$，$-\pi\leqslant\lambda\leqslant\pi$。

在天东北坐标系中，速度矢量为

$$\boldsymbol{v}=v_U\boldsymbol{U}+v_E\boldsymbol{E}+v_N\boldsymbol{N}=\dot{r}\boldsymbol{U}+r\cos\phi\dot{\lambda}\boldsymbol{E}+r\dot{\phi}\boldsymbol{N} \tag{6-51}$$

式中，$(\boldsymbol{U},\boldsymbol{E},\boldsymbol{N})$ 为天东北方向单位矢量。

速度 $\boldsymbol{v}$ 的方位角为 γ (与东向 E 夹角)，仰角为 β (与 EN 平面夹角)，由 $v_U=v\sin\beta$、$v_E=v\cos\beta\cos\gamma$ 和 $v_N=v\cos\beta\sin\gamma$ 可得

$$\begin{cases}\beta=\arcsin\dfrac{v_U}{\sqrt{{v_U}^2+{v_E}^2+{v_N}^2}}\\ \dfrac{\gamma}{2}=\arctan\dfrac{v_N}{\sqrt{{v_E}^2+{v_N}^2}+v_E}\end{cases} \tag{6-52}$$

式中，$-\pi/2\leqslant\beta\leqslant\pi/2$，$-\pi\leqslant\gamma\leqslant\pi$。

6.3.4　激光驱动空间碎片条件

激光清除空间碎片时脉宽为纳秒量级，通常小于 100ns，空间碎片飞行速度大于 8km/s，例如，脉宽为 100ns 内碎片位置变化量为 $8\times10^3\times100\times10^{-9}$=0.8mm，可忽略不计，认为激光作用下碎片瞬间获得速度增量。另外，地球自转角速度很小，可忽略不计。

如图 6.16 所示，为了讨论问题方便，设地基激光站位置在 Z 轴的点 G ，r_{GBL} 为激光站的地心距离，D 为碎片，在 ΔGOD 中根据正弦定理可得

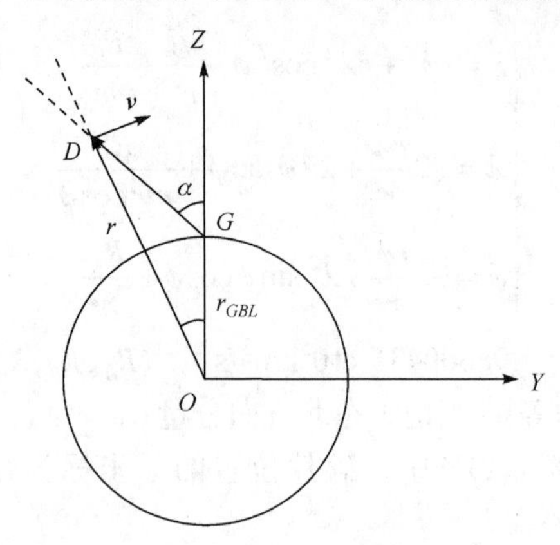

图 6.16　激光辐照碎片示意图

$$\frac{r}{\sin(\pi-\alpha)}=\frac{r_{GBL}}{\sin(\alpha-\angle GOD)}$$

$$\angle GOD=\alpha-\arcsin\frac{r_{GBL}\sin\alpha}{r} \tag{6-53}$$

激光辐照碎片条件为 $0\leqslant\alpha\leqslant\alpha_{\max}$ (围绕碎片 D 的空间锥形区域)，考虑到激光大气传输效率，可取 $\alpha_{\max}=\pi/4$ 。当 $\alpha_{\max}=\pi/4$ 时，有

$$(\angle GOD)_{\max}=\frac{\pi}{4}-\arcsin\frac{r_{GBL}}{\sqrt{2}r} \tag{6-54}$$

式中，$r\geqslant r_{GBL}$ ；$0\leqslant(\angle GOD)_{\max}<\pi/4$ 。

任意时刻碎片位置为 (r,λ,ϕ) ，激光辐照碎片条件为

$$\phi\geqslant\frac{\pi}{2}-(\angle GOD)_{\max}=\frac{\pi}{4}+\arcsin\frac{r_{GBL}}{\sqrt{2}r} \tag{6-55}$$

激光辐照方向矢量为

$$\boldsymbol{r}_{GD}=\boldsymbol{r}-\boldsymbol{OG}=r\cos\phi\cos\lambda\boldsymbol{i}+r\cos\phi\sin\lambda\boldsymbol{j}+(r\sin\phi-r_{GBL})\boldsymbol{k} \tag{6-56}$$

激光辐照方向单位矢量为

$$\overline{\boldsymbol{r}}_{GD}=\frac{\overline{\boldsymbol{r}}_{GD}}{\left|\overline{\boldsymbol{r}}_{GD}\right|}=\frac{r\cos\phi\cos\lambda\boldsymbol{i}+r\cos\phi\sin\lambda\boldsymbol{j}+(r\sin\phi-r_{GBL})\boldsymbol{k}}{\sqrt{(r\cos\phi\cos\lambda)^2+(r\cos\phi\sin\lambda)^2+(r\sin\phi-r_{GBL})^2}} \tag{6-57}$$

根据图 6.15 可知，赤道惯性坐标系 $OXYZ$ 围绕 Z 旋转 $+\lambda$ ，再围绕 Y 旋转 $-\phi$ 到达当地天东北坐标系 UEN ，速度增量变换关系为

$$\begin{bmatrix}\overline{\Delta v_U}\\\overline{\Delta v_E}\\\overline{\Delta v_N}\end{bmatrix}=\begin{bmatrix}\cos\phi & 0 & \sin\phi\\0 & 1 & 0\\-\sin\phi & 0 & \cos\phi\end{bmatrix}\begin{bmatrix}\cos\lambda & \sin\lambda & 0\\-\sin\lambda & \cos\lambda & 0\\0 & 0 & 1\end{bmatrix}\begin{bmatrix}\overline{\Delta v_x}\\\overline{\Delta v_y}\\\overline{\Delta v_z}\end{bmatrix}$$
$$=\begin{bmatrix}\cos\phi\cos\lambda & \cos\phi\sin\lambda & \sin\phi\\-\sin\lambda & \cos\lambda & 0\\-\sin\phi\cos\lambda & -\sin\phi\sin\lambda & \cos\phi\end{bmatrix}\begin{bmatrix}\overline{\Delta v_x}\\\overline{\Delta v_y}\\\overline{\Delta v_z}\end{bmatrix}\tag{6-58}$$

激光单脉冲速度增量降低碎片近地点高度的条件为

$$\boldsymbol{v}\cdot\overline{\Delta\boldsymbol{v}}=v_U\overline{\Delta v_U}+v_E\overline{\Delta v_E}+v_N\overline{\Delta v_N}\leqslant 0\tag{6-59}$$

6.3.5　气动阻力作用空间碎片的随机分析

大气层对空间碎片的气动力可分解为气动阻力(与速度方向相反)、气动升力(在轨道平面内垂直速度方向)和侧向力(垂直轨道平面，构成右手坐标系)。其中，气动阻力影响最大，单位质量下的气动阻力表示为

$$\boldsymbol{f}_v=-\left|\boldsymbol{f}_v\right|\frac{\boldsymbol{v}}{|\boldsymbol{v}|}，\ \left|\boldsymbol{f}_v\right|=\frac{1}{m}C_DA\frac{\rho}{2}v^2\tag{6-60}$$

式中，m 为碎片质量；A 为垂直速度方向的横截面面积；C_D 为阻力系数，对于100km 以上高度，可取 $C_D\approx 2.2$；$\rho v^2/2$ 为速度头(动压头)。为了便于计算，大气密度随着几何高度变化采用 USSA76 标准大气模型。

在当地天东北坐标系中，速度方向单位矢量为

$$\overline{\boldsymbol{v}}=\frac{\boldsymbol{v}}{|\overline{\boldsymbol{v}}|}=\overline{v}_U\boldsymbol{U}+\overline{v}_E\boldsymbol{E}+\overline{v}_N\boldsymbol{N}=\frac{\dot{r}\boldsymbol{U}+r\cos\phi\dot{\lambda}\boldsymbol{E}+r\dot{\phi}\boldsymbol{N}}{\sqrt{(\dot{r})^2+(r\cos\phi\dot{\lambda})^2+(r\dot{\phi})^2}}\tag{6-61}$$

气动阻力分量为

$$\frac{(\boldsymbol{f}_v)_U}{m}=-\left|\boldsymbol{f}_v\right|\frac{\dot{r}}{\sqrt{(\dot{r})^2+(r\cos\phi\dot{\lambda})^2+(r\dot{\phi})^2}}\tag{6-62}$$

$$\frac{(\boldsymbol{f}_v)_E}{m}=-\left|\boldsymbol{f}_v\right|\frac{r\cos\phi\dot{\lambda}}{\sqrt{(\dot{r})^2+(r\cos\phi\dot{\lambda})^2+(r\dot{\phi})^2}}\tag{6-63}$$

$$\frac{(\boldsymbol{f}_v)_N}{m}=-\left|\boldsymbol{f}_v\right|\frac{r\dot{\phi}}{\sqrt{(\dot{r})^2+(r\cos\phi\dot{\lambda})^2+(r\dot{\phi})^2}}\tag{6-64}$$

由于碎片旋转，轴线方向单位矢量 $\overline{\boldsymbol{a}}=(\overline{a}_x,\overline{a}_y,\overline{a}_z)$ 随机变化，在当地天东北坐标系的值为

$$\begin{bmatrix}\overline{a}_U\\\overline{a}_E\\\overline{a}_N\end{bmatrix}=\begin{bmatrix}\cos\phi\cos\lambda & \cos\phi\sin\lambda & \sin\phi\\-\sin\lambda & \cos\lambda & 0\\-\sin\phi\cos\lambda & -\sin\phi\sin\lambda & \cos\phi\end{bmatrix}\begin{bmatrix}\overline{a}_x\\\overline{a}_y\\\overline{a}_z\end{bmatrix}\tag{6-65}$$

速度方向单位矢量为$\overline{\boldsymbol{v}}=(\overline{v}_U,\overline{v}_E,\overline{v}_N)$，两者夹角为

$$\cos\eta=\overline{a}_U\overline{v}_U+\overline{a}_E\overline{v}_E+\overline{a}_N\overline{v}_N \tag{6-66}$$

速度方向的碎片横截面面积随机变化，图 6.17 中$\eta=\pi/2+\xi$，则有

$$A=\pi R^2\left|\cos\eta\right|+2RH\sin\eta \tag{6-67}$$

式中，碎片轴线方向单位矢量$\overline{\boldsymbol{a}}=(\overline{a}_x,\overline{a}_y,\overline{a}_z)$随机变化，造成速度方向的碎片横截面面积的随机变化。

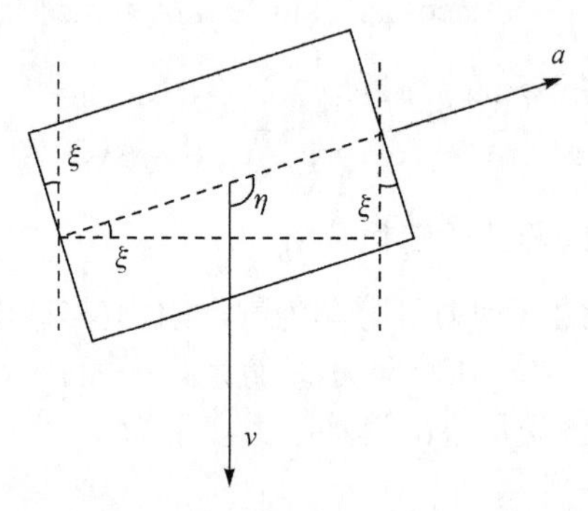

图 6.17 速度方向横截面示意图

6.3.6 激光驱动空间碎片典型计算结果

1. 初始条件

设碎片近地点高度为H_p和远地点高度为H_a，由于$R_e+H_p=a(1-e)$和$R_e+H_a=a(1+e)$，因此轨道半长轴和偏心率分别为

$$\begin{cases}a=R_e+\dfrac{H_p+H_a}{2}\\e=\dfrac{H_a-H_p}{2R_e+H_p+H_a}\end{cases} \tag{6-68}$$

式中，$R_e=6378\text{km}$为地球平均半径，圆轨道可取$H_a=H_p$。

已知椭圆轨道半长轴和偏心率(a,e)，给定真近角θ处碎片飞行的径向速度和周向速度，分别为

$$\begin{cases}\dot{r}=\sqrt{\dfrac{\mu}{a(1-e^2)}}e\sin\theta\\r\dot{\theta}=\sqrt{\dfrac{\mu}{a(1-e^2)}}(1+e\cos\theta)\end{cases} \tag{6-69}$$

对应的半径为

$$r = \frac{a(1-e^2)}{1+e\cos\theta} \tag{6-70}$$

对于圆轨道偏心率$e=0$，有$\dot{r}=0$和$r\dot{\theta}=\sqrt{\mu/r}$。当激光清除空间碎片时，为了增大单脉冲速度增量的作用效果，一般取真近角$\pi/2 \leqslant \theta \leqslant 3\pi/2$。

如图 6.17 所示，当没有激光作用时，碎片将从激光站的正上方飞过，并且碎片已达到激光辐照区域的边界，碎片初始位置为$[r_0, -\pi/2, \pi/4+\arcsin(r_{GBL}/\sqrt{2}r_0)]$，激光站位置为$(0,0,r_{GBL})$，一般取$r_{GBL}=R_e$。

已知椭圆轨道半长轴和偏心率(a,e)，给定真近角$\pi/2 \leqslant \theta_0 \leqslant 3\pi/2$，初始条件为

$$\begin{cases} r\big|_{t=0} = r_0 = \dfrac{a(1-e^2)}{1+e\cos\theta_0} \\ \lambda\big|_{t=0} = -\dfrac{\pi}{2} \\ \phi\big|_{t=0} = \dfrac{\pi}{4} + \arcsin\dfrac{r_{GBL}}{\sqrt{2}r_0} \\ \dot{r}\big|_{t=0} = \sqrt{\dfrac{\mu}{a(1-e^2)}}e\sin\theta_0 \\ \dot{\lambda}\big|_{t=0} = 0 \\ r_0\dot{\phi}\big|_{t=0} = \sqrt{\dfrac{\mu}{a(1-e^2)}}(1+e\cos\theta_0) \end{cases} \tag{6-71}$$

式中，对于圆轨道偏心率$e=0$。

2. 计算方法

具体计算方法如下。

(1) 根据初始条件，从$t=0$时刻开始计算三维质心运动方程，在天东北坐标系中速度矢量为

$$\boldsymbol{v} = v_U\boldsymbol{U} + v_E\boldsymbol{E} + v_N\boldsymbol{N} = \dot{r}\boldsymbol{U} + r\cos\phi\dot{\lambda}\boldsymbol{E} + r\dot{\phi}\boldsymbol{N} \tag{6-72}$$

(2) 根据单脉冲速度增量的随机分析方法，在 $OXYZ$ 坐标系中可计算得到速度增量抽样值为

$$\Delta\boldsymbol{v} = \frac{C_m F}{H\rho}\sqrt{\cos^2\varepsilon_0 + \sin^2\varepsilon_0\left(\frac{H}{2R}\right)^2}\,\overline{\Delta\boldsymbol{v}} \tag{6-73}$$

将$\Delta\boldsymbol{v}=\Delta v_x\boldsymbol{i}+\Delta v_y\boldsymbol{j}+\Delta v_z\boldsymbol{k}$转换为当地天东北坐标系 UEN 中速度增量$\Delta\boldsymbol{v}=\Delta v_U\boldsymbol{U}+\Delta v_E\boldsymbol{E}+\Delta v_N\boldsymbol{N}$，激光作用下速度瞬间变为$v_i=v_i+\Delta v_i(i=U,E,N)$。

(3) 激光器重频为n，单脉冲间隔时间为$\Delta t = 1/n$，即每隔Δt作用给空间碎片单脉冲激光，一直到碎片坠入大气层烧毁。

(4) 满足以下条件时计算终止：碎片脱离激光辐照区域为

$$\phi \leqslant \frac{\pi}{4} + \arcsin\frac{r_{GBL}}{\sqrt{2}r} \tag{6-74}$$

或激光单脉冲速度增量提升近地点高度为

$$\boldsymbol{v} \cdot \Delta\boldsymbol{v} = v_U \Delta v_U + v_E \Delta v_E + v_N \Delta v_N > 0 \tag{6-75}$$

3. 与等体积旋转球体碎片比较

旋转球体空间碎片具有以下重要特性：不管碎片如何旋转，速度增量的方向始终沿着激光辐照方向，碎片被激光辐照横截面面积不变，并且进入大气层后碎片速度方向的横截面面积保持不变。因此，在研究圆柱体碎片旋转对激光辐照效应影响时，将球体碎片作为比较对象。

设球体碎片的半径为R_0，体积为$V_0 = (4/3)\pi R_0^3$，与球体碎片等体积(或等质量)的圆柱体碎片体积为$V = \pi R^2 H$，令$V = V_0$，可得

$$R = \frac{R_0}{(1.5k)^{1/3}}, \quad H = 2kR \tag{6-76}$$

通过选取不同k值，可研究圆柱体形状的影响，圆柱体碎片与等体积球体碎片的横截面面积比值为

$$\frac{A}{A_0} = \frac{\pi R^2 |\cos\eta| + 2RH\sin\eta}{\pi (R_0)^2} = \frac{1}{(1.5k)^{2/3}}\left(|\cos\eta| + \frac{4k}{\pi}\sin\eta\right) \tag{6-77}$$

如图 6.18 所示，随着速度方向与圆柱体轴线夹角η不同，以及$k = H/(2R)$

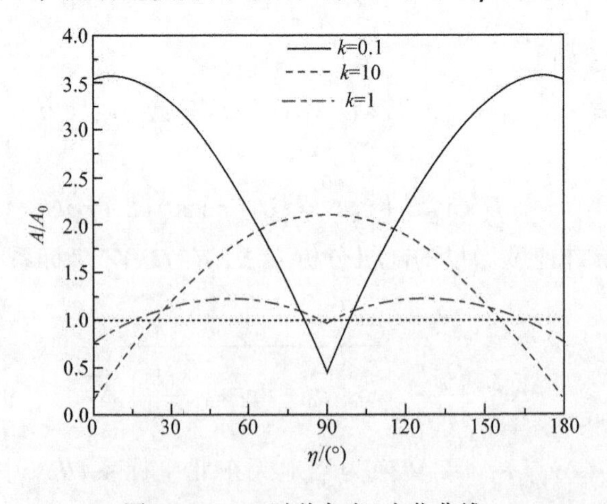

图 6.18 A/A_0随着角度η变化曲线

不同，A/A_0 不断变化，圆柱体碎片横截面面积大多数情况下大于球体碎片横截面面积(黑色虚线表示)。对于薄圆盘碎片($k<1$ 且较小)或细长杆碎片($k>1$ 且较大)，圆柱体碎片横截面面积较大；对于接近 $k=1$ 特征的圆柱体碎片，其迎风横截面面积最小，但是大于等体积球体碎片的横截面面积。

4. 气动阻力分析

本小节研究无激光作用时，大气阻力对空间碎片的影响。表 6.3 为等体积球体碎片的基本参数及不同比值 k 下，圆柱体空间碎片的相应参数。初始轨道是轨道高度为 250km 的圆轨道，研究气动阻力对圆柱体碎片坠入大气层过程的影响。

表 6.3　等体积球体碎片及圆柱体碎片基本参数

等体积球体碎片参数	密度为 2700kg/m^3
	半径为 0.05m
	质量为 1.413717kg
圆柱体碎片参数	k=1：H=8.735805×10^{-2}m，R=4.367902×10^{-2}m
	k=10：H=4.054801×10^{-1}m，R=2.027401×10^{-2}m
	k=0.1：H=1.882072×10^{-2}m，R=9.410360×10^{-2}m

图 6.19 为圆柱体碎片由轨道高度 250km 下降至 150km 的降轨过程中，远地点高度、近地点高度和半长轴随时间变化情况。可以看出，k=1 时所需时间最长，k=0.1 时所需时间最短，k=10 时所需时间在两者之间。显然，越接近地球表面，由于大气密度增大，高度减小越快。

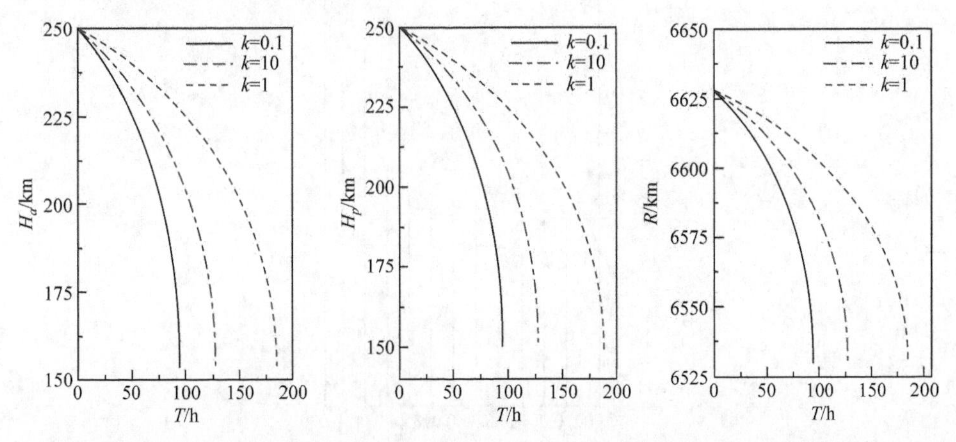

图 6.19　不同形状圆柱体碎片远地点高度、近地点高度和半长轴随时间变化

图 6.20 为圆柱体碎片随机旋转降轨过程中，速度方向横截面面积随机变化的

密度函数值(直方图表示)。k=1 时碎片横截面面积较小，并且变化范围也小，因此气动阻力较小，等体积(等质量)条件下，坠入大气层过程较长；k=0.1 时碎片横截面面积较大，并且变化范围也大，因此气动阻力较大，等体积(等质量)条件下，坠入大气层过程较短。

在大气阻力作用下，远地点高度和近地点高度随着时间变化，k=1 时碎片横截面面积较小，气动阻力较小，轨道高度 150km 的飞行时间小于 190h；k=10 时，碎片横截面面积增大，气动阻力增大，轨道高度 150km 的飞行时间小于 130h；k=0.1 时，碎片横截面面积最大，气动阻力最大，轨道高度 150km 的飞行时间小于 100h。显然，圆柱体碎片的几何形状和旋转运动对气动阻力影响较大。

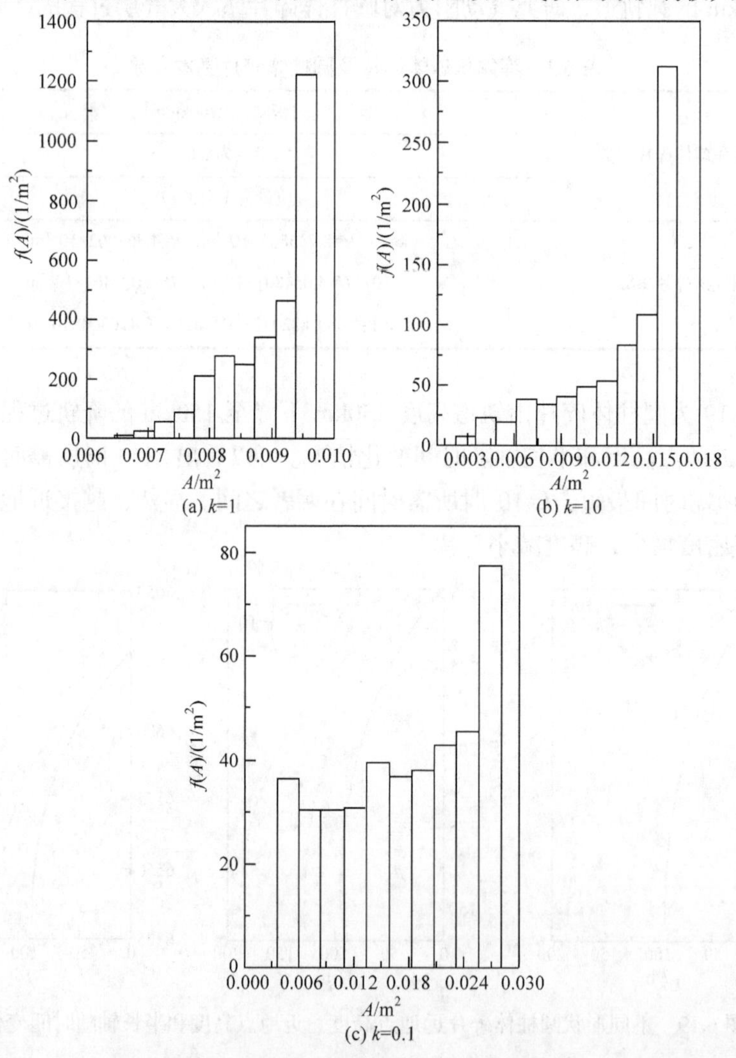

图 6.20　不同形状圆柱体碎片降轨过程中横截面面积随机变化的密度函数值

5. 单次过顶激光作用

以铝碎片为例，假定注入靶面激光能量密度为 $F = 5\text{J}/\text{cm}^2$，冲量耦合系数为 $C_m = 4\times10^{-5}\ \text{N}\cdot\text{s/J}$，激光重频为 10Hz，碎片的远地点高度和近地点高度为 500km，分析在碎片单次过顶过程中，激光辐照降轨作用。

图 6.21 给出 k 为 0.1 和 10 时，在碎片单次过顶过程中，激光辐照下的速度增量随时间变化；图 6.22 给出 k 为 0.1 和 10 时，速度增量随机变化的密度函数。可以看出，当 k=0.1 时，被激光辐照的薄圆盘碎片速度增量变化较大，并且变化范围也较大，有利于激光辐照降轨。当 k=1 时，激光辐照方向与碎片获得速度增量方向相同，并且单脉冲冲量作用下的速度增量大小始终为 0.008479365m/s。

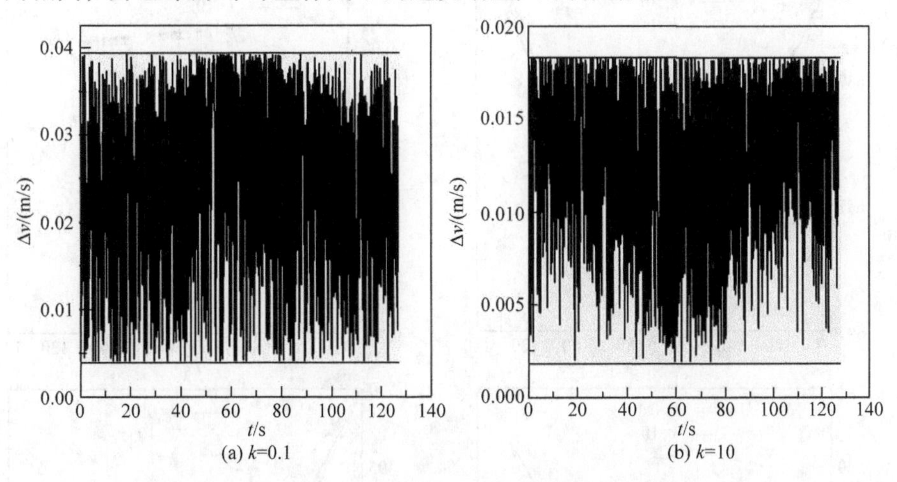

图 6.21　k 为 0.1 和 10 时激光辐照导致的速度增量随时间变化

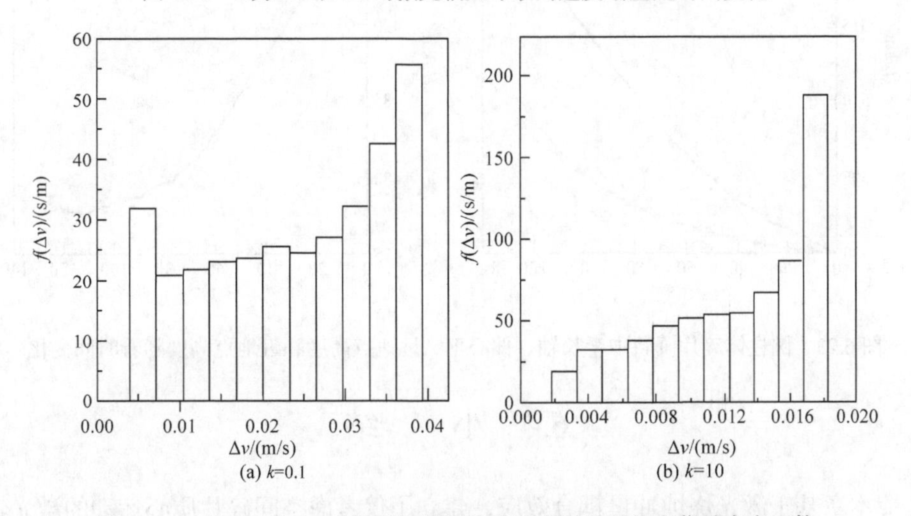

图 6.22　k 为 0.1 和 10 时激光辐照导致的速度增量随机变化的密度函数

图 6.23 给出不同比值 k 条件下，圆柱体碎片单次过顶时激光作用效果，分别为半长轴、偏心率、远地点高度和近地点高度随着时间变化。如图 6.23 所示，k=1 时，被激光辐照的碎片横截面面积较小，速度增量较小，半长轴变化较小；k=10 时，被激光辐照的碎片横截面面积增大，速度增量增大，半长轴变化较大；k=0.1 时，被激光辐照的碎片横截面面积增至最大，速度增量最大，但是半长轴变化在两者之间。

因此，当 k=0.1 时，碎片降轨效果最明显，k=10 时次之，k=1 时降轨效果最小。当 k=10 和 k=1 时，碎片过顶后激光继续作用，近地点高度不但不降低，反而升高。

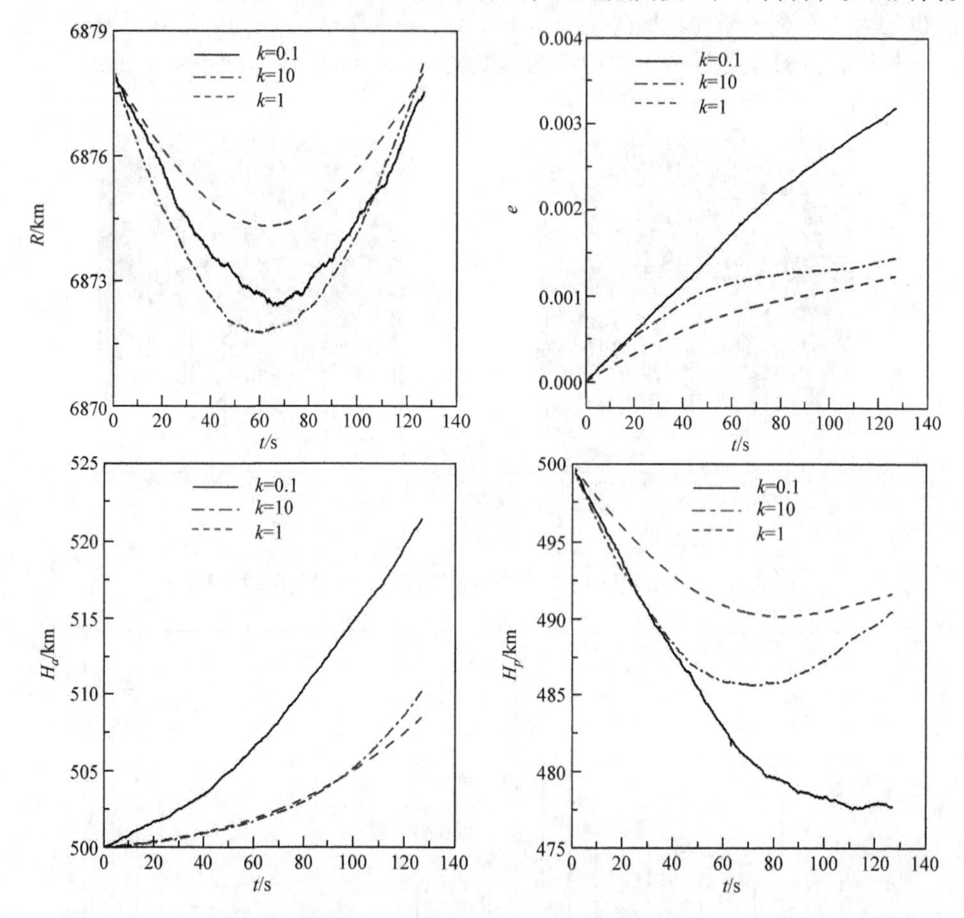

图 6.23　圆柱体碎片降轨中半长轴、偏心率、远地点高度和近地点高度随着时间变化

6.4　小　　结

本章基于激光烧蚀冲量耦合效应，建立了仅考虑空间碎片质心运动的激光辐照变轨简化模型、空间碎片多次过顶激光清除仿真模型及考虑碎片旋转的激光辐

照变轨随机仿真模型，通过对激光辐照下的空间碎片变轨过程进行仿真计算，得到变轨后的轨道参数变化规律。研究结论如下：

(1) 建立了地基激光清除圆轨道空间碎片计算模型。在仅考虑空间碎片质心运动及激光辐照方向与碎片获得的速度增量方向相同条件下，分析了碎片降轨时飞行速度方向与激光辐照方向的角度关系，得到只有当碎片获得的烧蚀反冲冲量方向与碎片飞行方向之间夹角大于 90°情况下，碎片的轨道速度才能减少，从而导致近地点轨道高度降低，达到降轨效果，并且变轨后由初始圆轨道变为椭圆轨道。速度增量方向与碎片飞行方向夹角越大，变轨后椭圆轨道的偏心率越大。

(2) 针对空间碎片多次飞行过顶，地基激光多次辐照变轨过程，建立了空间碎片多次飞行过顶激光辐照变轨模型，并给出了激光辐照计算流程，结合美国 NASA 的 ORION 计划中典型远场激光光束能量密度，对分布在轨道高度 800km 和 1500km 的厘米级空间碎片清除效果进行仿真分析，获得了清除所需的激光总能量和降轨清除所需时间。

(3) 建立了旋转空间碎片激光辐照效应随机分析模型。针对空间碎片自身旋转及激光辐照下碎片获得的速度增量大小和方向随机变化问题，运用随机分析方法，分析了激光辐照下典型圆柱体碎片的速度增量大小和方向变化规律，建立了圆柱体碎片在地基激光辐照下轨道变化模型。通过对等体积圆柱体与球体空间碎片的计算分析，得到当圆柱体为细长杆状或者薄圆盘状时，碎片受到的气动阻力和激光辐照反冲冲量均大于等体积的球体碎片，有利于碎片的降轨作用。

第7章　总　　结

厘米级空间碎片数量众多，目前既无法机动躲避，也难以采用屏蔽防护，被国际社会公认为是对航天器威胁最大的碎片。国外学者提出了高功率脉冲激光清除厘米级空间碎片的方法，以欧盟和 NASA 分别资助的 CLEANSPACE 计划和 ORION 计划最具代表性。激光清除空间碎片就是巧妙地利用了激光辐照下冲量耦合特性和冲量作用下的减速降轨特性。空间碎片在脉冲激光烧蚀反喷冲量作用下，轨道速度减小，近地点高度降低进而降轨进入大气层，最终碎片在气动阻力作用下烧毁实现清除。

本书以激光清除空间碎片为应用背景，紧密围绕碎片的冲量耦合特性和碎片的减速降轨特性，系统地讨论了激光辐照碎片等离子体羽流喷射测量、激光辐照空间碎片冲量耦合效应测试、空间碎片的轨道预测等亟待解决的技术难题。本书在脉冲激光烧蚀冲量耦合机理及空间碎片清除应用方面做了一些基础性研究，从激光清除空间碎片工程化需求出发，仍有许多基础性研究需要突破，主要体现在以下方面：

(1) 激光清除空间碎片中的多参数耦合设计问题。激光清除空间碎片需要特定大小和方向的冲量矢量，所需要的冲量与激光参数、激光入射角度、碎片形状等有关，因此激光多参数耦合设计是实现碎片进入预定轨道的关键，需要建立上述参数与冲量之间的定量关系，解决激光以何种参数、何种角度清除碎片获得特定冲量的难题。

(2) 激光清除空间碎片中的不规则外形碎片形貌建模问题。本书主要研究了几种典型形状空间碎片在激光辐照下的冲量矢量问题，但空间环境中仍有大量不规则外形空间碎片，因而需要建立一种针对不规则外形碎片的冲量计算模型及实验测量方法，解决激光辐照不规则外形空间碎片的冲量分析难题。

(3) 激光清除空间碎片中的激光器参数设计的优化问题。激光器参数设计过程涉及碎片冲量耦合效应、激光传输特性等多种因素，是多参数综合设计过程。激光与碎片物质相互作用过程涉及激光波长、脉宽和功率密度；激光传输特性涉及激光传输的能量衰减和光束质量。因而，需要综合考虑多种因素，反演计算确定近场激光光斑尺寸和近场功率密度，解决激光清除碎片中的激光器参数设计难题。

针对上述需要进一步研究的问题，通过分析涉及的技术难点、可采用的研究方法及能够实现的技术水平，为进一步开展激光清除碎片技术工程化奠定基础。

参 考 文 献

[1] Kessler D J, Johnson N L, Liou J C, et al. The Kessler syndrome: Implications to future space operations. Advances in the Astronautical Sciences,2010,137:10-16.

[2] 林兴来. 空间碎片现状与清理. 航天器工程, 2012, 21(3): 1-10.

[3] Kaplan M H. Survey of space debris reduction methods. AIAA Space Conference & Exposition, Pasadena, 2009.

[4] Finkleman D. The dilemma of space debris. American Scientist, 2014, 102(1): 26-33.

[5] 洪延姬, 金星, 王广宇, 等. 激光清除空间碎片方法. 北京: 国防工业出版社, 2013.

[6] Bonnal C, Ruault J, Desjean M. Active debris removal: Recent progress and current trends. Acta Astronautica, 2013, 85: 51-60.

[7] Braun V, Luepken A, Flegel S, et al. Active debris removal of multiple priority targets. Advances in Space Research, 2013, 51(9): 1638-1648.

[8] Castronuovo M M. Active space debris removal-A preliminary mission analysis and design. Acta Astronautica, 2011, 69(9-10): 848-859.

[9] Covello F. Application of electrical propulsion for an active debris removal system: A system engineering approach. Advances in Space Research, 2012, 50(7): 918-931.

[10] Dean D. Creating a space debris catalogue for an orbital band with suitable candidates for active removal. Aeronautical Journal, 2013, 117(1192): 617-628.

[11] Deluca L T, Bernelli F, Maggi F, et al. Active space debris removal by a hybrid propulsion module. Acta Astronautica, 2013, 91: 20-33.

[12] Phipps C R. A laser-optical system to re-enter or lower low Earth orbit space debris. Acta Astronautica, 2014, 93: 418-429.

[13] Lewis H G, White A E, Crowther R, et al. Synergy of debris mitigation and removal. Acta Astronautica, 2012, 81: 62-68.

[14] Levin E, Pearson J, Carroll J. Wholesale debris removal from LEO. Acta Astronautica, 2012, 73: 100-108.

[15] Kitamura S, Hayakawa Y, Kawamoto S. A reorbiter for large GEO debris objects using ion beam irradiation. Acta Astronautica, 2014, 94(2): 725-735.

[16] Missel J, Mortari D. Path optimization for Space Sweeper with Sling-Sat: A method of active space debris removal. Advances in Space Research, 2013, 52(7): 1339-1348.

[17] Borja J A, Dionisio T. De-orbiting process using solar radiation force. AIAA Journal of Spacecraft and Rockets, 2006, 3(43): 685-687.

[18] Aslanov V, Yudintsev V. Dynamics of large space debris removal using tethered space tug. Acta Astronautica, 2013, 91: 149-156.

[19] Iki K, Kawamoto S, Morino Y. Experiments and numerical simulations of an electrodynamic tether

deployment from a spool-type reel using thrusters. Acta Astronautica, 2014, 94(1): 318-327.

[20] Forward R L, Hoyt R P, Uphoff C W. Terminator Tether (TM): A spacecraft deorbit device. Journal of Spacecraft and Rockets, 2000, 37(2): 187-196.

[21] 陈小前, 袁建平, 姚雯. 航天器在轨服务技术. 北京: 中国宇航出版社, 2009.

[22] Nishida S, Kawamoto S, Okawa Y, et al. Space debris removal system using a small satellite. Acta Astronautica, 2009, 65(1-2): 95-102.

[23] Beckett D, Carpenter B. Rapid de-orbit of LEO space vehicles using towed rigidizable inflatable structure (TRIS) technology: Concept and feasibility assessment. AIAA Small Satellite Conference, Washington, 2004.

[24] Campbell J W. Using lasers in space laser orbital debris removal and asteroid deflection. German: Diane Publishing, 2000.

[25] Schall W O. Laser radiation for cleaning space debris from lower earth orbits. Journal of Spacecraft and Rockets, 2002, 39(1): 81-91.

[26] Gibbings A, Vasile M, Hopkins J, et al. Potential of laser-induced ablation for future space applications. Space Policy, 2012,(28): 149-153.

[27] Marla D, Bhandarkar U V, Joshi S S. Critical assessment of the issues in the modeling of ablation and plasma expansion processes in the pulsed laser deposition of metals. Journal of Applied Physics, 2011, 109(2):021101.

[28] Chichkov B N, Momma C, Nolte S, et al. Femtosecond, picosecond and nanosecond laser ablation of solids. Applied Physics A-Materials Science & Processing, 1996, 63(2): 109-115.

[29] Wood R F, Giles G E. Macroscopic theory of pulsed-laser annealing .1. Thermal transport and melting. Physical Review B, 1981, 23(6): 2923-2942.

[30] Kim W S, Hector L G, Ozisik M N. Hyperbolic heat-conduction due to axisymmetrical continuous or pulsed surface heat-sources. Journal of Applied Physics, 1990, 68(11): 5478-5485.

[31] Qiu T Q, Tien C L. Femtosecond laser-heating of multilayer metals .1. Analysis. International Journal of Heat and Mass Transfer, 1994, 37(17): 2789-2797.

[32] Gusarov A V, Smurov I. Thermal model of nanosecond pulsed laser ablation: Analysis of energy and mass transfer. Journal of Applied Physics, 2005, 97(1): 014307.

[33] Leitz K, Redlingshofer B, Reg Y, et al. Metal ablation with short and ultrashort lasers pulses. Physics Procedia, 2011,(12): 230-238.

[34] Baeri P, Campisano S U, Foti G, et al. Melting model for pulsing-laser annealing of implanted semiconductors. Journal of Applied Physics, 1979, 50(2): 788-797.

[35] Dabby F W, Paek U. High-intensity laser-induced vaporization and explosion of solid material. IEEE Journal of Quantum Electronics, 1972, 8(2): 106-111.

[36] Bhattacharya D, Singh R K, Holloway P H. Laser-target interactions during pulsed laser deposition of superconducting thin-films. Journal of Applied Physics, 1991, 70(10): 5433-5439.

[37] Peterlongo A, Miotello A, Kelly R. Laser-pulse sputtering of aluminum - Vaporization, boiling, superheating, and gas-dynamic effects. Physical Review E, 1994, 50(6): 4716-4727.

[38] Bulgakova N M, Bulgakov A V, Babich L P. Energy balance of pulsed laser ablation: Thermal model revised. Applied Physics A-Materials Science & Processing, 2004, 79(4-6): 1323-1326.

[39] Stafe M, Negutu C, Popescu I A. Theoretical determination of the ablation rate of metals in multiple-nanosecond laser pulses irradiation regime. Applied Surface Science, 2007, 253(15): 6353-6358.

[40] Rozman R, Grabec I, Govekar E. Influence of absorption mechanisms on laser-induced plasma plume. Applied Surface Science, 2008, 254(11): 3295-3305.

[41] Aghaei M, Mehrabian S, Tavassoli S H. Simulation of nanosecond pulsed laser ablation of copper samples: A focus on laser induced plasma radiation. Journal of Applied Physics, 2008, 104(5): 053303.

[42] Gusarov A V, Gnedovets A G, Smurov I. Gas dynamics of laser ablation: Influence of ambient atmosphere. Journal of Applied Physics, 2000, 88(7): 4352-4364.

[43] Kundrapu M, Keidar M. Laser ablation of metallic targets with high fluences: Self-consistent approach. Journal of Applied Physics, 2009, 105(8): 083302.

[44] Autrique D, Clair G, L'Hermite D, et al. The role of mass removal mechanisms in the onset of ns-laser induced plasma formation. Journal of Applied Physics, 2013, 114(2): 023301.

[45] Bogaerts A, Chen Z Y, Bleiner D. Laser ablation of copper in different background gases: Comparative study by numerical modeling and experiments. Journal of Analytical Atomic Spectrometry, 2006, 21(4): 384-395.

[46] Chen Z Y, Bogaerts A. Laser ablation of Cu and plume expansion into 1 atm ambient gas. Journal of Applied Physics, 2005, 97(6): 063305.

[47] Ho J R, Grigoropoulos C P, Humphrey J. Computational study of heat-transfer and gas-dynamics in the pulsed-laser evaporation of metals. Journal of Applied Physics, 1995, 78(7): 4696-4709.

[48] Wu B X, Shin Y C. Modeling of nanosecond laser ablation with vapor plasma formation. Journal of Applied Physics, 2006, 99(8): 084310.

[49] Lu Q M. Thermodynamic evolution of phase explosion during high-power nanosecond laser ablation. Physical Review E, 2003, 67(1): 016410.

[50] Zhang Z Y, Han Z X, Dulikravich G S. Numerical simulation of laser induced plasma during pulsed laser deposition. Journal of Applied Physics, 2001, 90(12): 5889-5897.

[51] Taylor G. The formation of a blast wave by a very intense explosion .1. Theoretical discussion. Proceedings of the Royal Society of London Series A-Mathematical and Physical Sciences, 1950, 201(1065): 159-174.

[52] Singh R K, Narayan J. Pulsed-laser evaporation technique for deposition of thin-films-physics and theoretical-model. Physical Review B, 1990, 41(13): 8843-8859.

[53] Autrique D, Gornushkin I, Alexiades V, et al. Revisiting the interplay between ablation, collisional, and radiative processes during ns-laser ablation. Applied Physics Letters, 2013, 103(17): 174102.

[54] Bogaerts A, Chen Z Y, Gijbels R, et al. Laser ablation for analytical sampling: What can we learn from modeling. Spectrochimica Acta Part B-Atomic Spectroscopy, 2003, 58(11): 1867-1893.

[55] Anisimov S I, Bauerle D, Lukyanchuk B S. Gas-dynamics and film profiles in pulsed-laser deposition of materials. Physical Review B, 1993, 48(16): 12076-12081.

[56] Bogaerts A, Chen Z Y. Nanosecond laser ablation of Cu: Modeling of the expansion in He background gas, and comparison with expansion in vacuum. Journal of Analytical Atomic

Spectrometry, 2004, 19(9): 1169-1176.

[57] Bogaerts A, Chen Z Y. Effect of laser parameters on laser ablation and laser-induced plasma formation: A numerical modeling investigation. Spectrochimica Acta Part B-Atomic Spectroscopy, 2005, 60(9-10): 1280-1307.

[58] Neamtu J, Mihailescu I N, Ristoscu C, et al. Theoretical modelling of phenomena in the pulsed-laser deposition process: Application to Ti targets ablation in low-pressure N_2. Journal of Applied Physics, 1999, 86(11): 6096-6106.

[59] Sakai T. Impulse generation on aluminum target irradiated with Nd:YAG laser pulse in ambient gas. Journal of Propulsion and Power, 2009, 25(2): 406-414.

[60] Phipps C R, Birkan M, Bohn W, et al. Review: Laser-ablation propulsion. Journal of Propulsion and Power, 2010, 26(4): 609-637.

[61] Phipps C R, Luke J, Funk D, et al. Laser impulse coupling at 130fs. Applied Surface Science, 2006, 252(13): 4838-4844.

[62] Phipps C R. An alternate treatment of the vapor-plasma transition. International Journal of Aerospace Innovations, 2011, 3(1): 45-50.

[63] Phipps C R, Sinko J E. Applying new laser interaction models to the ORION problem. AIP Conference Proceedings, Santa Fe, 2010.

[64] Sinko J E, Phipps C R. Modeling CO_2 laser ablation impulse of polymers in vapor and plasma regimes. Applied Physics Letters, 2009, 95(13): 131105.

[65] 童慧峰, 唐志平, 张凌. 烧蚀模式激光推进的数值模拟. 爆炸与冲击, 2007, 27(2): 165-170.

[66] 童慧峰, 唐志平, 胡晓军, 等. “烧蚀模式”激光推进的实验研究. 强激光与粒子束, 2004, 16(11): 1380-1384.

[67] 童慧峰, 唐志平, 张凌. 激光支持等离子体流场的 2 维动态数值模拟. 强激光与粒子束, 2006, 18(12): 1996-2000.

[68] 童慧峰, 唐志平. 激光与固体靶面烧蚀等离子体的能量耦合计算. 高压物理学报, 2008, 22(2): 142-148.

[69] 唐志平. 烧蚀模式激光推进的机理和应用探索. 中国科学技术大学学报, 2007, 37(10): 1300-1305.

[70] 袁红, 童慧峰, 孙承纬, 等. 真空环境下激光烧蚀铝靶冲量耦合系数的数值模拟. 强激光与粒子束, 2010, 22(12): 2853-2856.

[71] 袁红, 童慧峰, 李牧, 等. 强激光加载真空中铝靶冲量耦合的数值模拟. 激光技术, 2012, 36(4): 520-523.

[72] Phipps C R, Turner T P, Harrison R F, et al. Impulse coupling to targets in vacuum by KrF, HF, and CO_2 single-pulse lasers. Journal of Applied Physics, 1988, 64(3): 1083-1096.

[73] Pakhomov A V, Thompson M S, Swift W, et al. Ablative laser propulsion: Specific impulse and thrust derived from force measurements. AIAA Journal, 2002, 40(11): 2305-2311.

[74] Yabe T, Phipps C R, Aoki K, et al. Laser-driven vehicles - From inner-space to outer-space. Applied Physics A-Materials Science & Processing, 2003, 77(2): 243-249.

[75] Jamil Y, Saeed H, Ahmad M R, et al. Measurement of ablative laser propulsion parameters for aluminum, Co-Ni ferrite and polyurethane polymer. Applied Physics A-Materials Science & Processing, 2013, 110(1): 207-210.

[76] Zhang N, Wang W, Zhu X, et al. Investigation of ultrashort pulse laser ablation of solid targets by

measuring the ablation-generated momentum using a torsion pendulum. Optics Express, 2011, 19(9): 8870-8878.

[77] Ketsdever A D, D'Souza B C, Lee R H. Thrust stand micromass balance for the direct measurement of specific impulse. Journal of Propulsion and Power, 2008, 24(6): 1376-1381.

[78] Riki H L, D’Souza B C, Lilly T C, et al. Laser-Induced ablation process investigated using enhanced impulse measurement techniques. The 38th AIAA Plasma Dynamics and Lasers Conference, Miami FL, 2007.

[79] Riki H L, D’Souza B C, Lilly T C, et al. Thrust stand micro-mass balance diagnostic techniques for the direct measurement of specific impulse. The 43rd AIAA/ASME/SAE/ASEE Joint Propulsion Conference, Cincinnati, 2007.

[80] D’Souza B C. Development of Impulse Measurement Techniques for the Investigation of Transient Forces Due to Laser-Induced Ablation. California: University of Southern California, 2005.

[81] Gray P A, Edwards D L, Carruth M R, et al. Laser ablation force measurement on manmade space debris. American Institute of Aeronautics and Astronautics , AIAA-0645, 2001.

[82] 郑志远, 鲁欣, 张杰, 等. 激光等离子体动量转换效率的实验研究. 物理学报, 2005, 54(1): 192-196.

[83] Hussein A E, Diwakar P K, Harilal S S, et al. The role of laser wavelength on plasma generation and expansion of ablation plumes in air. Journal of Applied Physics, 2013, 113(14): 143305.

[84] 叶继飞, 洪延姬. 激光微烧蚀固体靶材羽流流场演化特性. 红外与激光工程, 2013, 42(S1): 47-51.

[85] Liedahl D A, Libby S B, Rubenchik A. Momentum transfer by laser ablation of irregularly shaped space debris. International Symposium on High Power Laser Ablation, Santa Fe, 2010, 1278: 772-779.

[86] Esmiller B, Jacquelard C, Eckel H A, et al. Space debris removal by ground-based lasers: Main conclusion of the European project CLEANSPACE. Applied Optics, 2014, 53(31): 45-54.

[87] Early J T, Bibeau C, Phipps C. Space debris de-orbiting by vaporization impulse using short pulse laser. The International Society for Optical Engineering, 2004, 702(1):190.

[88] Scharring S,Lorbeer R A,Eckel H A.Heat accumulation in laser-based removal of space debris. AIAA Journal,2018,56(3):1-3.

[89] Phipps C R, Baker K L, Libby S B, et al. Removing orbital debris with lasers. Advances in Space Research, 2012, 49(9): 1283-1300.

[90] Phipps C R, Albrecht G, Friedman H, et al. ORION: Clearing near-Earth space debris using a 20-kW, 530-nm, Earth-based, repetitively pulsed laser. Laser and Particle Beams, 1996, 14(1): 1-44.

[91] Lorbeer R M, Zwilich M, Zabic M, et al. Experimental verification of high energy laser-generated impulse for remote laser control of space debris. Scientific Reports ,2018,8(1): 8453.

[92] 常浩, 金星, 洪延姬, 等. 地基激光清除空间碎片过程建模与仿真. 航空学报, 2012, 33(6): 994-1001.

[93] Shen S Y, Jin X, Chang H. Cleaning space debris with a space-based laser system. Chinese Journal of Aeronautics, 2014, 27(4): 805-811.

[94] Phipps C R. Project ORION: Orbital debris removal using ground-based sensors and lasers. Alabama NASA, 1996.

[95] Phipps C R, Reilly J P. ORION: Clearing near-Earth space debris in two years using a 30-kW

repetitively pulsed laser. International Symposium on Gas Flow and Chemical Lasers and High-Power Laser Conference, Edinburgh, 1997.

[96] Metzger J D, Leclaire R J, Howe S D, et al. Nuclear-powered space debris sweeper. Journal of Propulsion and Power, 1989, 5(5): 582-590.

[97] Phipps C R. L'ADROIT - A spaceborne ultraviolet laser system for space debris clearing. Acta Astronautica, 2014, 104(1):243-255.

[98] Quinn M N, Jukna V, Ebisuzaki T, et al. Space-based application of the CAN laser to LIDAR and orbital debris remediation. European Physical Journal Special Topics, 2015, 224(13):2645-2655.

[99] Soulard R, Quinn M N, Tajima T, et al. ICAN: A novel laser architecture for space debris removal. Acta Astronautica, 2014, 105(1):192-200.

[100] Chang H, Jin X, Zhou W J. Experimental investigation of plume expansion dynamics of nanosecond laser ablated al with small incident angle. Optik: International Journal for Light and Electron Optics, 2014, 125(12):2923-2926.

[101] Zhang N, Zhu X, Yang J, et al. Time-resolved shadowgraphs of material ejection in intense femtosecond laser ablation of aluminum. Physical Review Letters, 2007, 99(16):167602.

[102] Zeng X, Mao X, Wen S B, et al. Energy deposition and shock wave propagation during pulsed laser ablation in fused silica cavities. Journal of Physics D: Applied Physics, 2004, 37(7):1132.

[103] Yang Y X, Tu L C, Yang S Q, et al. A torsion balance for impulse and thrust measurements of micro-Newton thrusters. Review of Scientific Instruments, 2012, 83(1):153001.

[104] He Z, Wu J, Zhang D, et al. Precision electromagnetic calibration technique for micro-Newton thrust stands. Review of Scientific Instruments, 2013, 84(5):055107.

[105] Ye J F, Wang G Y, Wang D K. Measurement of laser ablation micro impulse using the torsion pendulum interferometry. Advanced Materials Research, 2011, 301-303:1078-1082.

[106] Davydov R, Antonov V, Kalinin N. Equation of state for simulation of nanosecond laser ablation aluminium in water and air. Journal of Physics Conference, 2015, 643(1):012107.

[107] Balchev I, Minkovski N, Marinova T, et al. Composition and structure characterization of aluminum after laser ablation. Materials Science & Engineering B, 2006, 135(2):108-112.

[108] Wang P N, Pan Q, Cheung N H, et al. Study on the interaction between the laser-ablated aluminum plume and the nitrogen discharge plasma by time- and space-resolved spectroscopy. Applied Spectroscopy, 1999, 53(2):205-209.

[109] Wang B. Laser ablation impulse generated by irradiating aluminum target with nanosecond laser pulses at normal and oblique incidence. Applied Physics Letters, 2017, 110(1):014101.

[110] Zhao X T, Tang F, Han B, et al. The influence of laser ablation plume at different laser incidence angle on the impulse coupling coefficient with metal target. Journal of Applied Physics, 2016, 120(21):213103.

[111] 洪延姬, 金星. 微推力和微冲量测量方法. 北京: 国防工业出版社, 2014.

[112] 孙承纬. 激光辐照效应. 北京: 国防工业出版社, 2002.

[113] Sinko J E , Phipps C R , Tsukiyama Y , et al. Critical fluences and modeling of CO_2 laser ablati on of polyox ymethylene from vaporization to the plasma regime. Organic Letters, 2010, 12(16): 3674.

[114] Khaleeq-Ur-Rahman M, Butt M Z, Dildar I M, et al. Investigation of silver plasma and surface morphology from a nanosecond laser ablation. Materials Chemistry & Physics, 2009, 114(2-3):

978-982.

[115] Moscicki T, Hoffman J, Chrzanowska J. The absorption and radiation of a tungsten plasma plume during nanosecond laser ablation. Physics of Plasmas, 2015, 22(10):308.

[116] Mahmood S , Rawat R S , Springham S V , et al. Plasma dynamics and determination of ablation parameters using the near-target magnified imaging during pulsed laser ablation. Applied Physics A: Materials Science & Processing, 2010, 101(4):701-705.

[117] 王文亭, 张楠, 王明伟,等. 飞秒激光烧蚀金属靶的冲击温度. 物理学报, 2013, 62(21): 210601.

[118] Chen A, Jiang Y F, Wang T F, et al. Comparison of plasma temperature and electron density on nanosecond laser ablation of Cu and nano-Cu. Physics of Plasmas, 2015, 22(3):640.

[119] Salik M, Wang J, Zhang X Q. Diagnostics of a potassium plasma produced by visible and IR nanosecond laser ablation. Journal of Russian Laser Research, 2013, 34(4):323-330.

[120] Marla D, Bhandarkar U V, Joshi S S. A model of laser ablation with temperature-dependent material properties, vaporization, phase explosion and plasma shielding. Applied Physics A, 2014, 116(1):273-285.

[121] Cristoforetti G, Lorenzetti G, Benedetti P A, et al. Effect of laser parameters on plasma shielding in single and double pulse configurations during the ablation of an aluminium target. Journal of Physics D: Applied Physics, 2009, 42(22):225207-225214.

[122] Harilal S S, Bindhu C V, Tillack M S, et al. Internal structure and expansion dynamics of laser ablation plumes into ambient gases. Journal of Applied Physics, 2003, 93(5):2380-2388.

[123] Li G, Cheng M S, Li X K . Thermal-chemical coupling model of laser induced ablation on polyoxymethylene. Acta Physica Sinica, 2014, 63(10):107901.

[124] 林正国, 金星, 常浩. 脉冲激光大光斑辐照空间碎片冲量耦合特性研究. 红外与激光工程, 2018, 47(12):305-310.

[125] 常浩, 叶继飞, 周伟静. 典型激光波长对纳秒激光烧蚀铝靶冲量耦合特性的影响. 推进技术, 2015, 36(11): 1754-1760.

[126] Dupont A, Caminat P, Bournot P, et al. Enhancement of material ablation using 248, 308, 532, 1064 nm laser pulse with a water film on the treated surface. Journal of Applied Physics, 1995, 78(3):2022-2028.

[127] Liedahl D A, Rubenchik A, Libby S B, et al. Pulsed laser interactions with space debris: Target shape effects. Advances in Space Research, 2013, 52(5): 895-915.

[128] Scharring S , Eisert L , Lorbeer R A , et al. Momentum predictability and heat accumulation in laser-based space debris removal. Optical Engineering, 2019, 58(1): 011004.

[129] Bai X, Xing M, Zhou F, et al. High-resolution three-dimensional imaging of spinning space debris. IEEE Transactions on Geoscience & Remote Sensing, 2009, 47(7):2352-2362.

[130] Kucharski D, Kirchner G, Koidl F, et al. Attitude and spin period of space debris envisat measured by satellite laser ranging. IEEE Transactions on Geoscience & Remote Sensing, 2014, 52(12):7651-7657.

[131] 肖业伦. 航天器飞行动力学原理. 北京: 宇航出版社, 1995.

编 后 记

《博士后文库》是汇集自然科学领域博士后研究人员优秀学术成果的系列丛书。《博士后文库》致力于打造专属于博士后学术创新的旗舰品牌，营造博士后百花齐放的学术氛围，提升博士后优秀成果的学术和社会影响力。

《博士后文库》出版资助工作开展以来，得到了全国博士后管委会办公室、中国博士后科学基金会、中国科学院、科学出版社等有关单位领导的大力支持，众多热心博士后事业的专家学者给予积极的建议，工作人员做了大量艰苦细致的工作。在此，我们一并表示感谢！

《博士后文库》编委会